U0076483

奠定數學領域基礎！

從1開始的數學啟蒙書

分數・小數

吉田武／著　陳朕疆／譯

「你好嗎？」是個充滿期待的話語

或許你曾覺得「數學離我很遙遠」。為了讓這樣的你充分享受到數學的樂趣，請試著將自己的熱情注入「你好嗎」這個特別的詞，以充滿期待、熱情的態度，有精神地喊出

「數學，你好嗎？」

“Hello Mathematics ！”

問候一下數學吧。為了讓更多人能說出「數學，你好嗎？」本書在內容上下了許多工夫。

不管名稱叫做「算數」還是「數學」、不管有沒有在學校學過，都請放寬心胸、帶著輕鬆的心情閱讀本書。如果學到了以前不知道的知識，說不定會帶給你一整天的好心情，還能成為和朋友間的話題喔！**那我們就開始囉，你好數學！**

作者

學習目標

本次的主角是兩層的數——分數。數字含量變為兩倍後，有趣程度也變成了兩倍。配角則是小數。

這裡不會要你死背步驟，不會要你寫出複雜證明，而是利用計算機，透過實際的計算了解分數的本質。

為了將計算機應用在數學的學習上，要先了解計算機的優點和缺點，並探究其內部的處理方法。

透過小數與分數能互相轉換的規則，就可以了解它們的本質。我們會以各種實際數字為例，說明一個個計算規則，扎實學好各種分數與小數的計算。

培養對數字的感覺，並了解基本的計算規則之後，即使在學習數學時碰上難以跨越的高山，也能輕易登上山頂，享受壯麗的絕景。冰河般的疑問也會自然而然地溶解消失。

目次

分數・小數

1 調查各式各樣的「量」

本書的第1章要開始了。學習新事物時，保持「初次見面」的新鮮感是很重要的事。沒錯，隨時懷抱著宛如櫻花盛開的四月、新年度或新學期開始般的嶄新心情，一起加油吧。

數與量詞

各位在學校內學習的眾多科目中，最重要的科目就是語言學習，也就是「國語」。

而且，國語和數學之間有著很密切的關係。本章一開始的句子中，就顯示出這兩個科目能夠相輔相成。

> 本書的「**第1章**」要開始了。學習新事物時，保持「初次見面」的新鮮感是很重要的事。沒錯，隨時懷抱著宛如櫻花盛開的「**四月**」、「**新年度**」或「**新學期**」開始般的嶄新心情，一起加油吧。

在這段文字中，出現了「1」和「四」兩個數字。這些數字要和後面的詞「章」及「月」組合在一起才有意義。就像「新・年度」及「新・學期」一樣。

要是沒有後面的詞會變得如何呢？一起來看看吧。

本書的第1要開始了。……宛如櫻花盛開的四、新或新開始般的嶄新心情，一起加油吧。

完全看不出來文章要表達什麼，簡直就像在猜謎。

量詞與數字的相親會場。

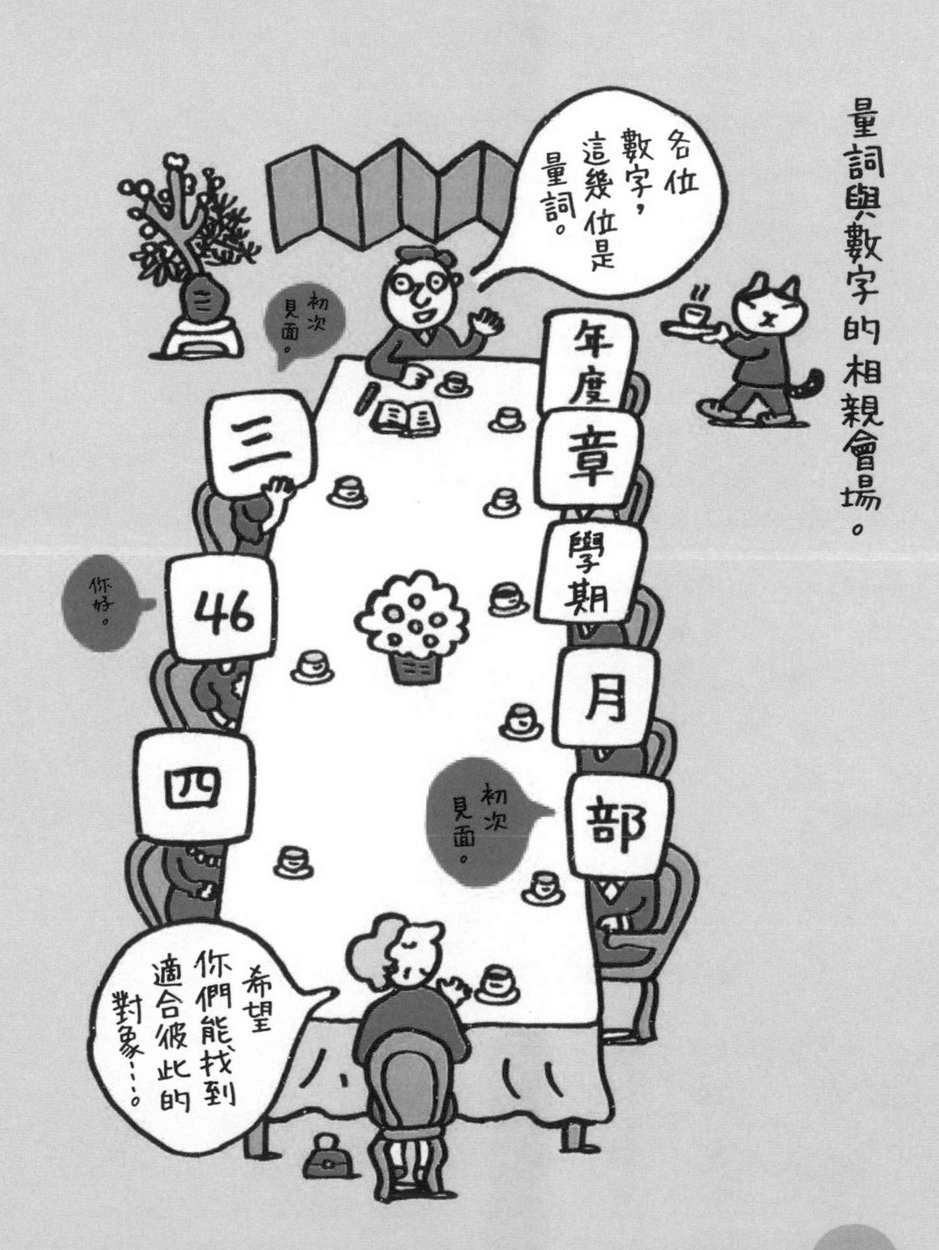

不能單獨使用、必須放在其他詞的後面，補充說明前詞內容的詞，稱做「**後綴詞**」。其中，放在事物「數量」的後面，用以表示該事物性質的詞，特稱做「**量詞**」。從前面的例子中可以看到，要是沒有量詞的話，就不曉得句子正確的意思。

量詞能賦予語言變化與節奏感。不過極為豐富的量詞，卻沒什麼規則，只能逐一學習每種事物所搭配的量詞。不過，從量詞的使用是否正確，可以看出一個人的語言能力。

譬如說「身高2公斤，體重80公尺」的句子顯然是錯的。當各位看到「有三本車在奔馳」、「這裡有兩位牛」之類的奇怪句子，就可以理解到量詞有多重要了。

量詞的實例

那麼，就讓我們實際介紹幾個量詞吧。

計算人數時的量詞為「**位**」，或者是「**名**」，譬如「合計十位」、「一千名畢業生」等。計算年齡的量詞是「**歲**」、計算在學校讀了幾年的量詞是「**年級**」，譬如「十二歲的六年級學生」。不過在日文中，要表示逝者的年齡時，會用「享年百」，省略後面的「歲」。七天是「**一週**」，十二個月是「**一年**」，書是「**一本兩本**」，牛或馬等大型動物是「**一頭兩頭**」，小動物或昆蟲是「**一隻兩隻**」，魚是「**一尾兩尾**」，鳥或兔子則是「**一隻兩隻**」。

再多看一些例子吧。請你一邊閱讀接下來的文章，一邊想像文章中的場景。這是某個新生的日記。

可以組成這些配對！
三
月
部
章
學期
年度
四
月
年度
部
章
46
章
部
年度
有那麼多組合啊。
好厲害！

那裡有「**八棟**」「**兩層**」樓的房子，左邊算來「**第三棟**」就是我家。我家前面的馬路是「**雙線道**」，路上有「**兩座**」紅綠燈以及「**四盞**」路燈，相鄰的路燈間隔了十公尺。轉角的商店街入口裝飾了「**兩面**」旗子。

路上停了「**七輛**」汽車，小孩子騎著「**三輪**」車，在汽車之間來回穿梭。路的另一邊有「**三座**」網球場，和「**一棟**」管理公園的建築物，旁邊還可以看到有「**八節**」車廂的電車經過。

上個星期日，我們家在「**一樓**」「**三坪**」大的客廳裡吃了早中晚「**三餐**」。每個人都吃了「**兩碗**」飯和「**一顆**」柿子。爸爸在吃晚餐的時候還會再喝「**一合**」酒，配上「**兩份**」烏賊章魚切盤、「**一副**」明太子、「**五片**」生魚片，吃完後再喝「**兩杯**」茶。

隔天早上，媽媽開始收拾前一天的碗盤。她一邊洗著「**九個**」盤子、「**三只**」碗、「**三雙**」筷子，一邊跟我說：「你去便利商店買『**一條**』吐司和『**兩雙**』襪子，還有分成上中下『**三冊**』的推理小說」。就在這時候，電視新聞報導「今天早上發生了『**四起**』嚴重的交通死亡事故」。於是媽媽特別叮嚀我要「小心車輛」。

我解完「**五題**」數學題之後，就出門買東西了。其中「**第二題**」和第三題真的很難。

便利商店位於商店街的入口，只要走「**三十步**」左右就到了。但因為我還需要「**三張**」信紙，用來寫信給同學，所以在買東西之前先繞去了郵局。郵局在道路的另一邊，這時我想起了媽媽的叮嚀。郵局局長送給我「**兩組**」文具，說是給我的新學年紀念品。

我的家
SALE
SALE
商店街
Cafe
便利商店

牆壁上的海報寫著「新抽獎活動**『第一波』**：**『一等獎』**夏威夷**『六天五夜』**之旅」，以及「請用你寶貴的**『一票』**守護我們的生活」。旁邊還有海報寫著「來自產地的白米，每**『一粒』**、每**『一袋』**都很美味」。

還有的海報上面寫著「**十句**」俳句和「**三首**」和歌，內容都是祝賀新生入學，感覺自己好像也受到了祝福，心情變得很好。　——完——

你覺得如何呢？日記裡出現了各種不同的量詞對吧。除此之外，物理學中的「單位」，包括「**公尺**」、「**公斤**」、「**秒**」、「**安培**」、「**克耳文**」、「**莫耳**」、「**燭光**」等，也可以視為量詞。知道怎麼使用這些量詞後，說出來的話也會更有內容。

以上，我們介紹了什麼是「**量詞**」。量詞可以描述事物的量，是非常重要的後綴詞。看了那麼多種量詞，想必各位也注意到：每種量詞就是一種「**基準**」、一種「**數1**」。這件事在討論「新的數」時，是很重要的概念。

其他各種量詞

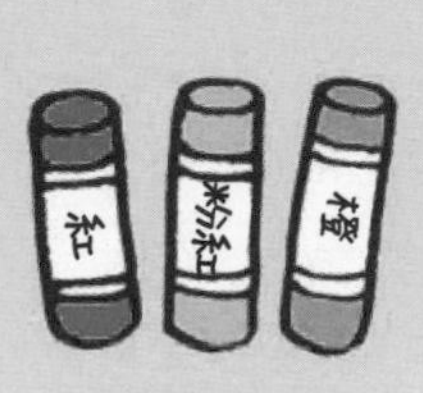

三色蠟筆

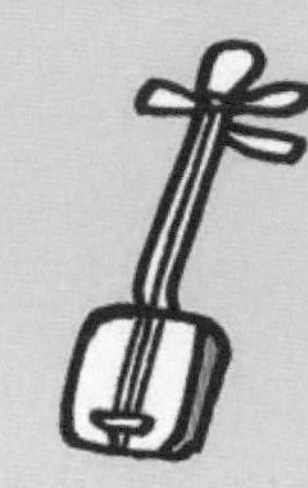

一把三味線

一台
電視和
三檔節目

兩把椅子

一塊豆腐

一幅掛軸

兩門大砲

第三代

2 兩層樓的數「分數」

前一章中，我們學到了表示事物的量與特徵時會用到的後綴詞──量詞，譬如一個、一張、一支、一本、一天、一位等。隨著對象的不同，使用的量詞也不一樣，不過這些量詞都是用來表示「某種量」的「1」。

「0」代表不存在任何事物，「1」則代表確實存在一項事物。但有時候雖然事物存在，數量卻不到「1」。

以「一天」為例。想必各位都知道一天可以分成「上午」和「下午」，也可以分成「24小時」。假設你讀了12小時的書，那麼該怎麼用量詞「天」來表示你的讀書時間呢？

一天的一半是幾天？

將一個東西「分成相同大小的兩份」稱做「二等分」，也可以用「對半分」來表示。「分成兩份」就是「**除以2**」的意思。在前一段的例子中

24（小時）÷2＝12（小時）

這個式子可以用來表示「24小時的一半是12小時」。

試著利用這個式子來求出「一天的一半」是幾天吧。方法很簡單，只要將上式的「24（小時）」換成「1（天）」就可以了。而「一天的一半」可以簡稱「半天」，故可得到

1（天）÷2＝半（天）

這個式子。這個世界上確實存在著「半天」的時間長度，這段時間並不是「0」，但卻比「一天」還要短。

「一半」是什麼？

再來，兩個半天合起來就是「一天」，半天的兩倍就是「一天」，這應該不需要解釋吧。

由以上提到的性質，可以知道「半天」會滿足以下算式

0＜半天＜一天，　半天＋半天＝一天，　半天×2＝一天

將前面得到的等式「1（天）÷2＝半（天）」代入上面的式子，並將量詞「天」拿掉，可以得到以下關係。

$$0<(1\div 2)<1,\quad (1\div 2)+(1\div 2)=1,\quad (1\div 2)\times 2=1.$$

由以上性質，我們可以將「1÷2」視為**一個新的數**，並用

$$\frac{1}{2}\begin{matrix}\leftarrow \text{被除數}\\ \leftarrow \text{除數}\end{matrix}$$

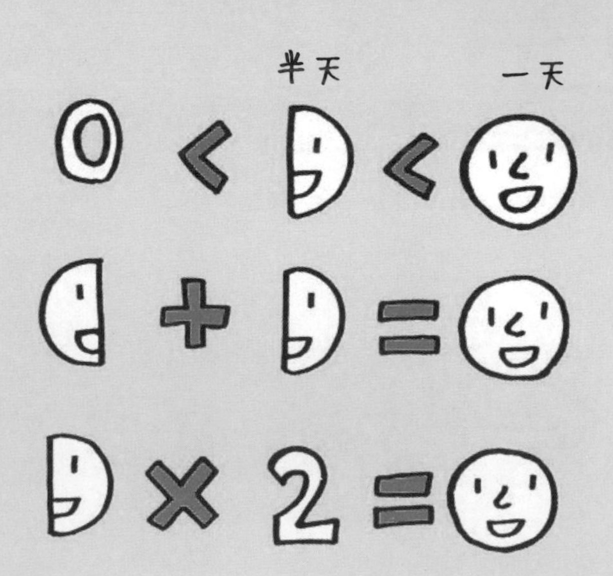

這種「**劃為兩層的符號**」來表示。將這種表示方式代回前面的算式，可以將算式改寫成：

$$0<\frac{1}{2}<1, \quad \frac{1}{2}+\frac{1}{2}=1, \quad \frac{1}{2}\times 2=1.$$

這個數的意思是「當我們將某個做為基準的東西分成同樣大小的兩份時，其中一份的量」，所以這個數讀做「**二分之一**」，英文唸做「one over two」。我們可以用這種表現方式將「半天」改稱為「二分之一天」。

另外，被除數和除數之間的比例稱做「**比**」，有時會寫成「多少『比』多少」的形式。舉例來說，如果將一天二等分為上午和下午，就可以說「上午（下午）和一天的時間長度比為『1比2』」。

由除法到分數

在「二等分」之後，接下來自然就輪到「三等分」出場了。

你可以先在腦中計算好將一天分成三等分的結果「24（小時）÷3＝8（小時）」，並和之後的討論結果互相對照。將一個東西分成三份時，可以得到一個新的數「1÷3」，且這個數會滿足以下式子。

$$0<(1\div3)<1,\quad (1\div3)+(1\div3)+(1\div3)=1,\quad (1\div3)\times3=1.$$

這個數的意思是「將某個東西分成同樣大小的三份時，其中一份的量」，讀做「**三分之一**」，並能表示成

$$\frac{1 \leftarrow \text{被除數}}{3 \leftarrow \text{除數}}$$

因此可以寫成

$$0<\frac{1}{3}<1,\quad \frac{1}{3}+\frac{1}{3}+\frac{1}{3}=1,\quad \frac{1}{3}\times3=1.$$

比較一個東西分成兩份和分成三份時的每份大小，顯然是分成三份時，每份份量會比較小，所以

$$0<\frac{1}{3}<\frac{1}{2}<1$$

不等式成立。時間長度也一樣，「三分之一天（＝8小時）」顯然比「二分之一天（＝12小時）」還要短。

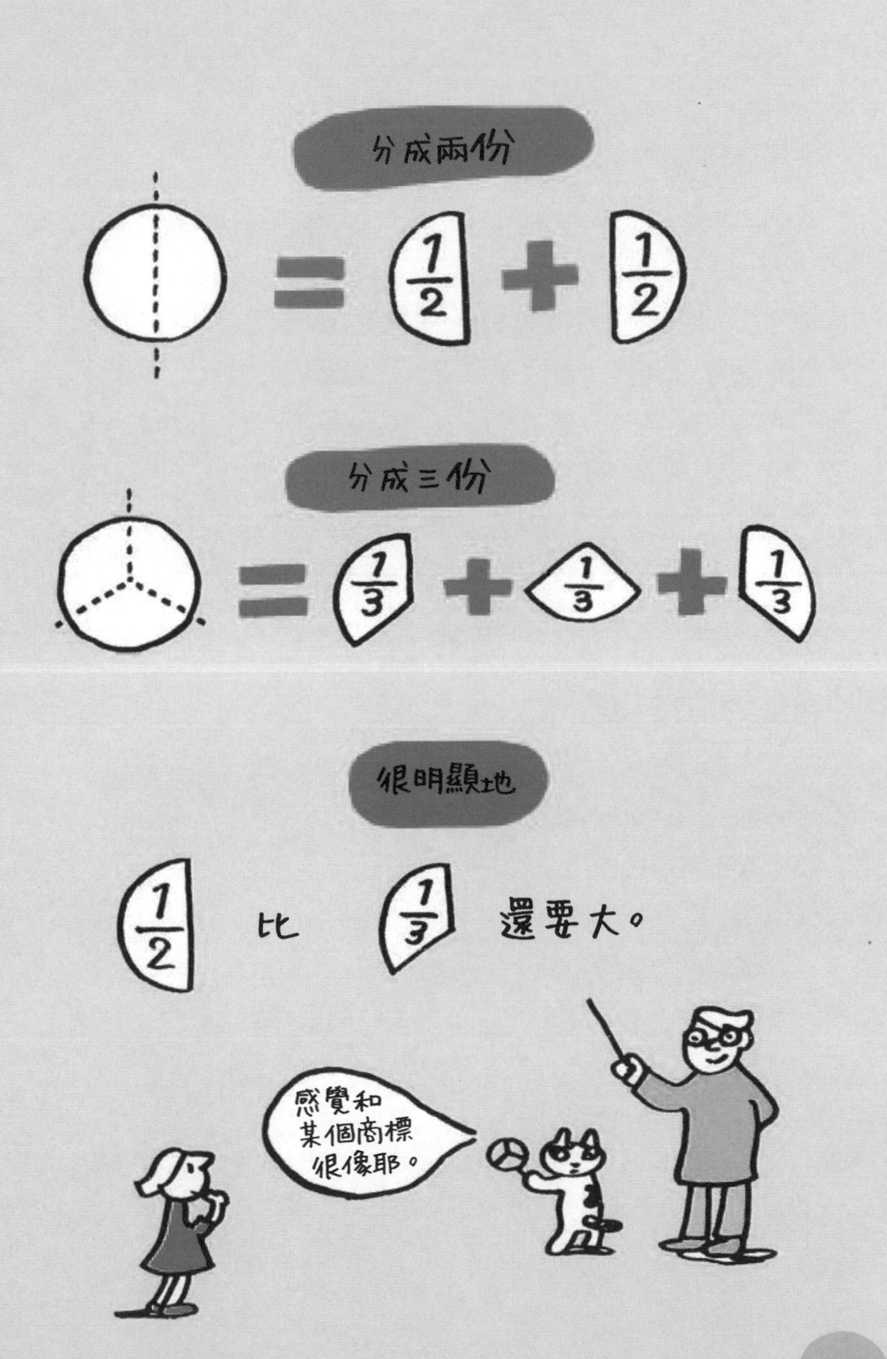
分成兩份
$\frac{1}{2}$
$\frac{1}{2}$
分成三份
$\frac{1}{3}$
$\frac{1}{3}$
$\frac{1}{3}$
很明顯地
$\frac{1}{2}$ 比 $\frac{1}{3}$ 還要大。
感覺和某個商標很像耶。

用同樣的方式比較四分之一、五分之一、六分之一的大小，就能得到以下不等式：

$$0 < \cdots < \frac{1}{6} < \frac{1}{5} < \frac{1}{4} < \frac{1}{3} < \frac{1}{2} < 1$$

重點在於：**除數愈大，整個數的大小就愈小**。

像這樣，將被除數放在二樓，除數放在一樓，「劃為兩層的數」就叫做「**分數**」。其中，二樓的「居民」叫做「**分子**」，一樓的「居民」則叫做「**分母**」。也就是說

$$\textbf{分數}：\frac{\text{被除數}}{\text{除數}} \quad \begin{matrix} \longleftrightarrow \\ \longleftrightarrow \end{matrix} \quad \frac{\textbf{分子}}{\textbf{分母}}$$

而在唸出整個式子的時候，由原本的除法定義，以及上述分數定義，需將整個分數唸成

「分子」除以「分母」，或者是「分母」分之「分子」.

新介紹的「分數」可以說是**除法的化身**，是用能劃出兩層樓的符號來**表示兩個數的比**。

那麼，各位想再添飯，卻不想添一整碗的時候，會怎麼說呢？應該會說「再來半碗！」對吧。我們平常不太會用「1/2碗」之類的詞。在我們日常生活的口語中，常會用「半」來代替1/2，英語則是「half」。

另外英語還會用「quarter」來表示1/4，這個字或許會讓你想到美式足球中的「四分衛（quarterback）」。

分子

的關係

分母

分期付款的話，一期要付多少？（零利率的情況）

◯	分2期	600萬元
◯	分3期	400萬元
◯	分4期	300萬元
◯	分5期	240萬元
◯	分6期	200萬元
◯	分8期	150萬元
◯	分10期	120萬元
◯	分12期	100萬元
⋮	⋮	⋮

愈大時，
分數會變得愈小。

如果分一萬兩千期支付的話，我也買得起！

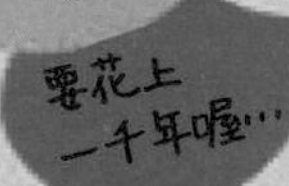

英語圈的人們在表達物體數量時，常會以1/4為一個單位。日語則比較常以1/10為單位，稱做「**分**」，譬如「櫻花開了**六分**」、「**七分**袖的上衣」、「吃了**八分**飽」、「建築物完成了**九分**」等。既然用分就可以表示日常生活中小於1的量，就不需要再用到1/4為單位了。

分子為1，分母為自然數的分數，全都分布於「0和1之間」。前面提到的自然數的倒數，全都是分子為1的分數，又稱做「**單位分數**」。

不管分母有多大，這個分數也絕對不會等於「0」。所以說，各位可以寫出非常非常小，要多小有多小，但不等於「0」的數。這裡也存在著「無限的概念」喔。

前面章節中提到的數包括「自然數」、「0」、「整數」。然

而，當我們從這些數中任取兩個數用除法計算時，不保證答案也會在這些數中。也就是說，只有一部分的整數組合，在除法計算時可以算出整數答案。

於是，**我們便直接將除法本身定義為新的數，並取名為「分數」**。分數是各位未來學習數學的道路上，至關重要、不可或缺的一種數。

接下來，就讓我們逐一討論分數的性質吧。

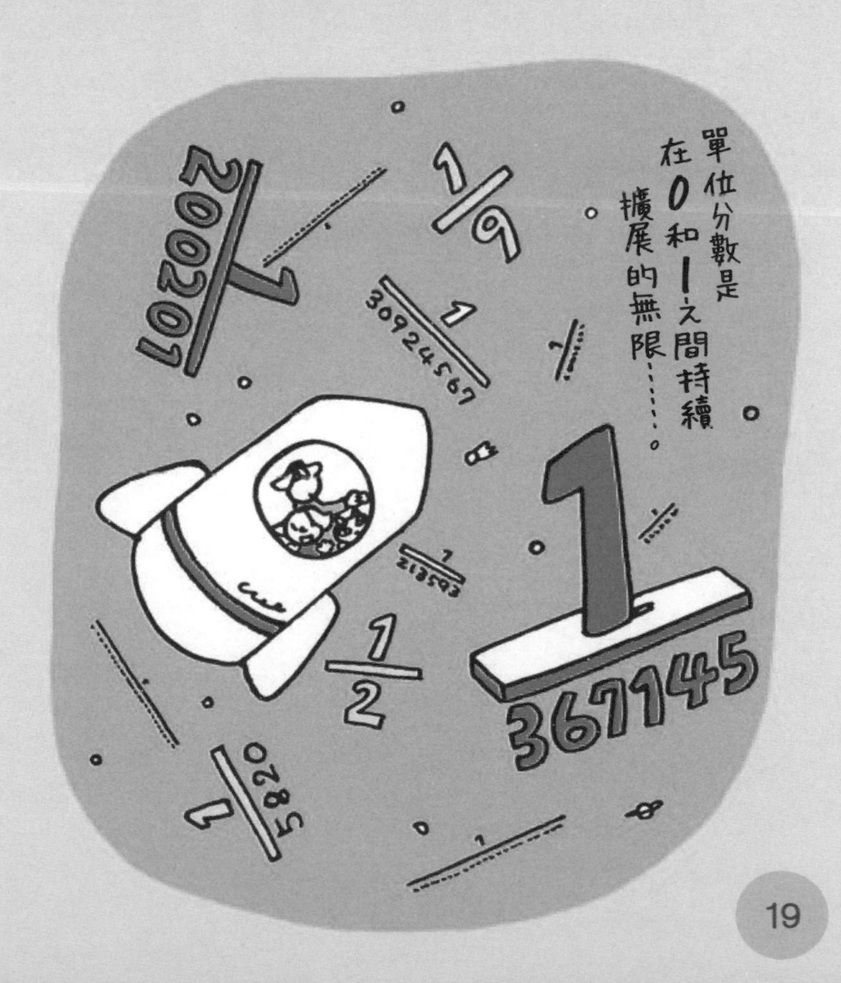

3 由「1」衍生的數

以自然數為起點的數字推廣之旅，現在來到了「**分數**」。數學中使用「推廣」一詞時，涉及範圍必定包含以前的對象。那麼，在分數的領域中，「自然數」究竟隱藏在哪裡呢？就從這件事開始說明吧。

秘術「1 的變形」

分數中會使用「劃為兩層的符號」表示被除數與除數的關係。位於二樓的數叫做「分子」，位於一樓的數則叫做「分母」。

前面介紹的分數中，分子皆為「1」。分母則是從「2」開始，逐漸加「1」上去。如果我們假設分母也是「1」的話，會發生什麼事呢？也就是說，思考看看

$$\frac{1 \longleftrightarrow 分子}{1 \longleftrightarrow 分母}$$

是什麼意思呢？這個分數的意思是把一個東西「平分成一份」，其實就「和沒平分一樣」。所以說，這個分數就等於數字「1」。

將分子換成其他自然數時也是一樣。只要分母為「1」，就表示「沒有要平分這個分子」，所以這個分數就會和「分子」的數值相等。

$$\frac{1}{1}=1,\ \ \frac{2}{1}=2,\ \ \frac{3}{1}=3,\ \ \frac{4}{1}=4,\ \ \frac{5}{1}=5,\ldots$$

由此可知，自然數1、2、3、4、5……也可以用「劃為兩層」的分數來表示。即自然數屬於分數的一種。

另外，收集兩個相同的東西，再平分成兩份；收集三個相同的東西，再平分成三份，都會等於一個東西，所以

$$\frac{1}{1}=1,\quad \frac{2}{2}=1,\quad \frac{3}{3}=1,\quad \frac{4}{4}=1,\quad \frac{5}{5}=1,\ldots$$

等式成立。反過來看，自然數1可以寫成以下各種形式：

$$1=\frac{1}{1}=\frac{2}{2}=\frac{3}{3}=\frac{4}{4}=\frac{5}{5}=\cdots$$

之後「本書中」會將這種變形稱做「**1的變形**」，並加以活用。

「1」的有趣之處

簡單來說，當分子與分母相等時，這個分數的數值就會等於1。即使分子和分母同為分數，這個規則也不變。分數內還有分數的分數形式，稱做「**繁分數**」。譬如以下例子。

$$1=\frac{\frac{1}{1}}{\frac{1}{1}}=\frac{\frac{1}{2}}{\frac{1}{2}}=\frac{\frac{1}{3}}{\frac{1}{3}}=\frac{\frac{1}{4}}{\frac{1}{4}}=\frac{\frac{1}{5}}{\frac{1}{5}}=\cdots$$

這個分數就像「秘密盒」一樣，盒子裡還有盒子。由許多分數層層相疊而成的分數又稱做「**連分數**」。在分數的領域中，要疊多少層分數都可以。甚至還有某些連分數就像面對面的鏡子一樣，由無限多個分數組成。

1的變形
這個和那個都和我相等。

看到這些層層相疊的數，想必各位應該也感受到分數的神奇與有趣之處了吧。試著自己寫出各種分數吧。

$$1=\frac{1}{1}=\frac{\frac{1}{2}}{\frac{1}{2}}=\frac{\frac{\frac{1}{3}}{\frac{1}{3}}}{\frac{\frac{1}{3}}{\frac{1}{3}}}=\frac{\frac{\frac{\frac{1}{4}}{\frac{1}{4}}}{\frac{\frac{1}{4}}{\frac{1}{4}}}}{\frac{\frac{\frac{1}{4}}{\frac{1}{4}}}{\frac{\frac{1}{4}}{\frac{1}{4}}}}=\cdots$$

$$1=\frac{\frac{1}{2}}{\frac{1}{2}}=\frac{\frac{1}{1+1}}{\frac{1}{1+1}}=\frac{\frac{\frac{1}{1}}{\frac{1}{1}+\frac{1}{1}}}{\frac{\frac{1}{1}}{\frac{1}{1}+\frac{1}{1}}}=\frac{\frac{1}{3}}{\frac{1}{3}}=\frac{\frac{1}{1+1+1}}{\frac{1}{1+1+1}}=\frac{\frac{\frac{1}{1}}{\frac{1}{1}+\frac{1}{1}+\frac{1}{1}}}{\frac{\frac{1}{1}}{\frac{1}{1}+\frac{1}{1}+\frac{1}{1}}}=\cdots$$

$$\frac{1}{2}=\frac{1}{1+1}=\frac{1}{1+\frac{\frac{1}{2}}{\frac{1}{2}}}=\frac{1}{1+\frac{\frac{1}{1+1}}{\frac{1}{1+1}}}=\frac{1}{1+\frac{\frac{1}{1+\frac{\frac{1}{2}}{\frac{1}{2}}}}{\frac{1}{1+\frac{\frac{1}{2}}{\frac{1}{2}}}}}=\cdots$$

「1的變形」可以說是數學領域中最重要的計算技巧之一。因為不管哪個數乘上「1」，該數數值都不會改變。這也表示，所有數中都隱含著「1」。

若我們將這些隱藏的「1」揪出來，就可以進行更多種類的計算。

隨著學習過程的進展，我們會逐漸捨棄掉除號「÷」，改使用「/」這個符號。譬如說

$$2 \div 3 \rightarrow 2/3$$

而在文章中提到分數時，如果一行的寬度不夠，也會把分數改寫成以下的樣子。

$$\frac{2}{3} \rightarrow 2/3$$

由這點也可以了解到「分數就是除法」。除號「÷」本身也可以聯想到分數的樣子÷對吧。

從分數形式轉變成除法形式。

我可以變身成很多種樣子喔。
嘎啦
嘎啦
啪
嘎啦
嘎啦
啪

那這也是你嗎？

4 「一半」的有趣之處

以上就是分子比分母還要小，或者是分子與分母相等時的情況。那麼，如果分子比分母大的時候，分數的數值又會如何呢？讓我們將分子依照除以2的餘數來分類，回歸分數原本的意義，思考這個問題吧。

分子為偶數時

首先來看看分子可以被2整除的情況。以「二分之四」為例。這個數會等於「4÷2」，也就是2，即4＝2×2，所以可以寫成

$$\frac{4}{2}=\frac{2\times2}{2}$$

這樣的等式。

另一方面，如果我們將2分別從前後乘上2/2，也就是乘上「1」時，可以得到

一半的有趣之處。

要是有手足的話，每人一半是「鐵則」。

$$\frac{2}{2}\times 2 = 2\times\frac{2}{2}$$

這就是前面提到的「1的變形」。

以上兩個等式的數值都等於2，所以我們可以用等號連接兩者，得到

$$\frac{2\times 2}{2} = \frac{2}{2}\times 2 = 2\times\frac{2}{2}$$

這就是「分數的乘法關係」。

這個式子看起來就像是分子的2從分數中被拉出來一樣。所以由這個例子可以猜到，「**將分子中的某個數字拉出來，改寫成乘上整個分數的形式，數值仍不會改變**」這個一般性的規則會成立。

另外，因為$2\times2=2+2$，所以這個分數的分子可以改寫成：

$$\frac{2\times2}{2}=\frac{2+2}{2}$$

我們還可以用「1的變形」的技巧，將數字2改寫成：

$$2=1+1=\frac{2}{2}+\frac{2}{2}$$

將兩者結合後，可以推導出

$$\frac{2+2}{2}=\frac{2}{2}+\frac{2}{2}$$

由以上等式可以推論：**我們可以將給定的分數分割成兩個分母相同的分數**。

我們在第2章的「半天的計算」中曾提過

$$半天+半天=一天 \rightarrow \frac{1}{2}+\frac{1}{2}=1$$

由前面的討論可以逆向推得這樣的等式：

$$\frac{1}{2}+\frac{1}{2}=\frac{1+1}{2}=\frac{2}{2}=1$$

也就是說，我們可以猜測：**分母相同的兩個分數相加，會等於分子相加**。這就是「分數的加法關係」。

當分子為2的倍數——也就是「**偶數**」時，都可以用同樣的方式計算，得到以下關係。這裡將乘法關係和加法關係各別寫成式子，讓你能欣賞到這種式子變換的有趣之處。

「將偶數切半」的結果

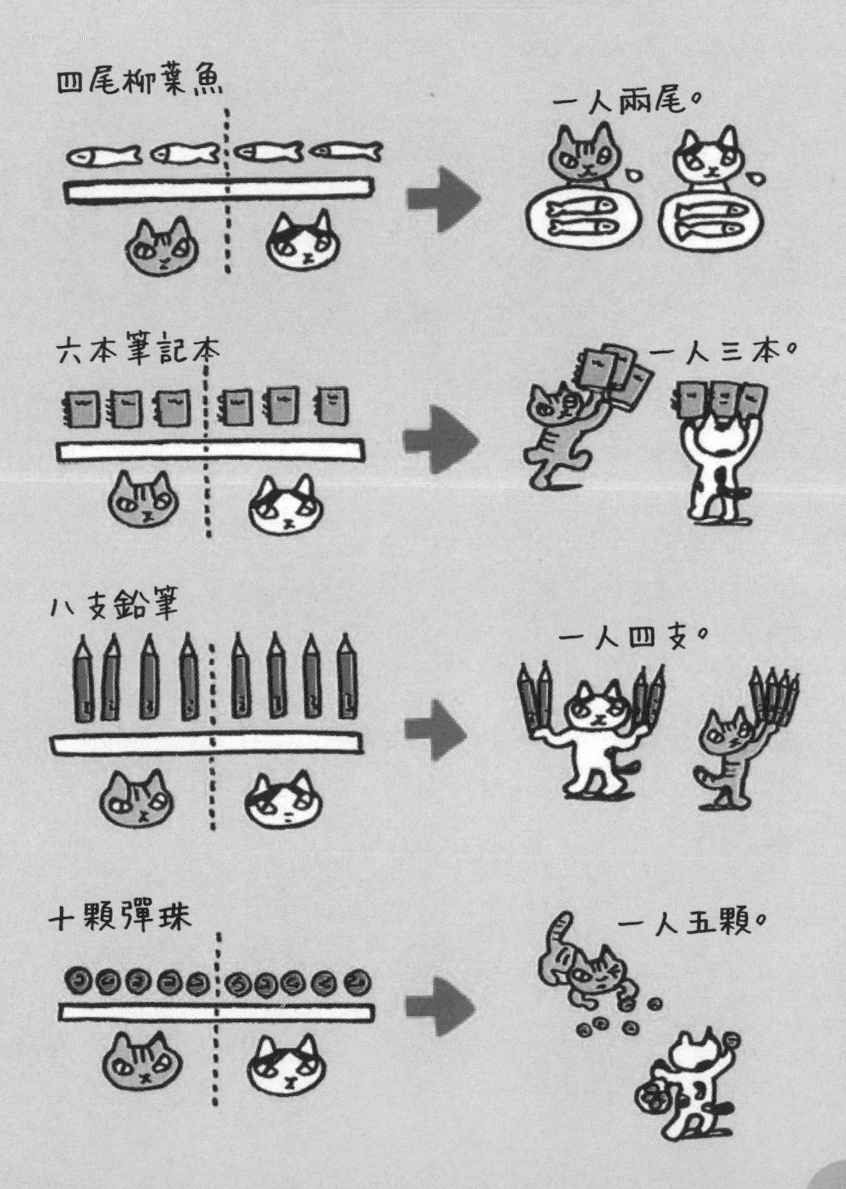

$$\frac{4}{2}=\frac{2\times 2}{2}=\frac{2}{2}\times 2=1\times 2 \quad （乘法關係）$$

$$=\frac{2+2}{2}=\frac{2}{2}+\frac{2}{2}=1+1=2 \quad （加法關係）,$$

$$\frac{6}{2}=\frac{2\times 3}{2}=\frac{2}{2}\times 3=1\times 3$$

$$=\frac{2+2+2}{2}=\frac{2}{2}+\frac{2}{2}+\frac{2}{2}=1+1+1=3,$$

$$\frac{8}{2}=\frac{2\times 4}{2}=\frac{2}{2}\times 4=1\times 4$$

$$=\frac{2+2+2+2}{2}=\frac{2}{2}+\frac{2}{2}+\frac{2}{2}+\frac{2}{2}=1+1+1+1=4,$$

$$\frac{10}{2}=\frac{2\times 5}{2}=\frac{2}{2}\times 5=1\times 5$$

$$=\frac{2+2+2+2+2}{2}=\frac{2}{2}+\frac{2}{2}+\frac{2}{2}+\frac{2}{2}+\frac{2}{2}$$

$$=1+1+1+1+1=5.$$

$$\vdots$$

像這樣反覆計算各種特例，就可以實際體會到這個一般性的規則：「**分母相等的兩個分數相加後，會等於分子相加、分母不變的分數**」。

分子為奇數時

那麼，接著來看看分子是「**奇數**」，除不盡時的情況。

先從最簡單的「二分之三」開始吧。這個數會等於「3÷2」。這裡我們會用到

會變成分子的加法。

$$3\div 2=1餘1,\ 或者是3=2\times 1+1$$

這兩式的關係。

3是「一個2與餘數1的和」。所以計算3的「一半」時，會等於商再加上餘數的一半，如下式所示。「**商**」就是除法的計算結果，還記得嗎？

$$\frac{3}{2}=\frac{2\times 1+1}{2}=\frac{2\times 1}{2}+\frac{1}{2}=1+\frac{1}{2}.$$

也就是「1加上1的一半」。另外，由分子為偶數時的推論，也可以將分數變形如下。

$$\frac{3}{2}=\frac{1+1+1}{2}=\frac{1}{2}+\frac{1}{2}+\frac{1}{2}=3\times\frac{1}{2}.$$

分子為其他奇數時也一樣。

$$\frac{5}{2}=\frac{2\times 2+1}{2}=\frac{2\times 2}{2}+\frac{1}{2}=2+\frac{1}{2}$$

$$=\frac{1+1+1+1+1}{2}=\frac{1}{2}+\frac{1}{2}+\frac{1}{2}+\frac{1}{2}+\frac{1}{2}=5\times\frac{1}{2},$$

$$\frac{7}{2}=\frac{2\times 3+1}{2}=\frac{2\times 3}{2}+\frac{1}{2}=3+\frac{1}{2}$$

$$=\frac{1+1+1+1+1+1+1}{2}=\frac{1}{2}+\cdots+\frac{1}{2}=7\times\frac{1}{2},$$

$$\frac{9}{2}=\frac{2\times 4+1}{2}=\frac{2\times 4}{2}+\frac{1}{2}=4+\frac{1}{2}$$

$$=\frac{1+1+1+1+1+1+1+1+1}{2}=\frac{1}{2}+\cdots+\frac{1}{2}=9\times\frac{1}{2},$$

$$\vdots$$

「將奇數切半」的結果

把我們分給兩個人吧。
抹茶團子
白團子
紅豆團子
要把你切成兩半喔。
雖然有點可憐，但也沒辦法。
1個＋$\frac{1}{2}$個
$\frac{1}{2}$個＋1個
這樣就剛好一人一半。

整理一下前面的計算結果吧，首先是「分母為2，分子為自然數」之分數的大小關係如下。

$$0<\frac{1}{2}<\frac{2}{2}<\frac{3}{2}<\frac{4}{2}<\frac{5}{2}<\frac{6}{2}<\frac{7}{2}<\frac{8}{2}<\frac{9}{2}<\frac{10}{2}<\cdots$$

再用「1的變形」把上式改寫成

$$0<\frac{1}{2}<1<\frac{3}{2}<2<\frac{5}{2}<3<\frac{7}{2}<4<\frac{9}{2}<5<\cdots$$

這些「分母為2，分子為奇數」的分數——也稱做「**半奇數**」——是位於各個自然數之間的數。

另外，我們還可以用分子與分母之間的大小關係，將分數分成兩類。分子比分母小時，稱做「真分數」；分子比分母大時，則稱做「假分數」。譬如說

$$\frac{1}{2}:（真分數）,\quad \frac{3}{2}:（假分數）$$

有時候，我們會將自然數與分數之間的加號省略，寫成

$$1+\frac{1}{2} \rightarrow 1\frac{1}{2}$$

並稱其為「帶分數」。

不過，將分數分得那麼細，還分別取不同名稱的意義其實不大。特別是**帶分數的表記方式，在乘法算式中容易和其他相乘的數搞混，所以小學畢業後就幾乎不使用了。因為是壞處遠大於好處的表記方式，所以本書後續不會使用。**

5 遵守交換律

前面我們談過了由除法定義的數「分數」。這裡來複習一下四則運算中的計算規則吧。

減法與相反數

首先要複習的是加法與乘法。在這些計算中，即使改變數字的順序，結果也不會改變。

以2、3這兩個數為例，可列出等式如下

$$2+3=3+2=5$$ ：**加法**,

$$2\times3=3\times2=6$$ ：**乘法**

以上關係稱做「**交換律**」。

但是，減法與除法就不會遵守交換律了。以下兩個算式的中間就各有一個「≠」，這個「在等號上畫斜線」的符號，代表了兩邊數值不相等。

$$2-3=-1\neq3-2=1$$ ：**減法**,

$$2\div3=\frac{2}{3}\neq3\div2=\frac{3}{2}$$ ：**除法**.

由此可以看出，計算「加法、乘法」和「減法、除法」時，會有很大的差異。然而，我們並不希望計算順序受到太多限制，所以接下來要一步步解決這個問題。

先從減法開始。

將題目中的減法改寫成負數：

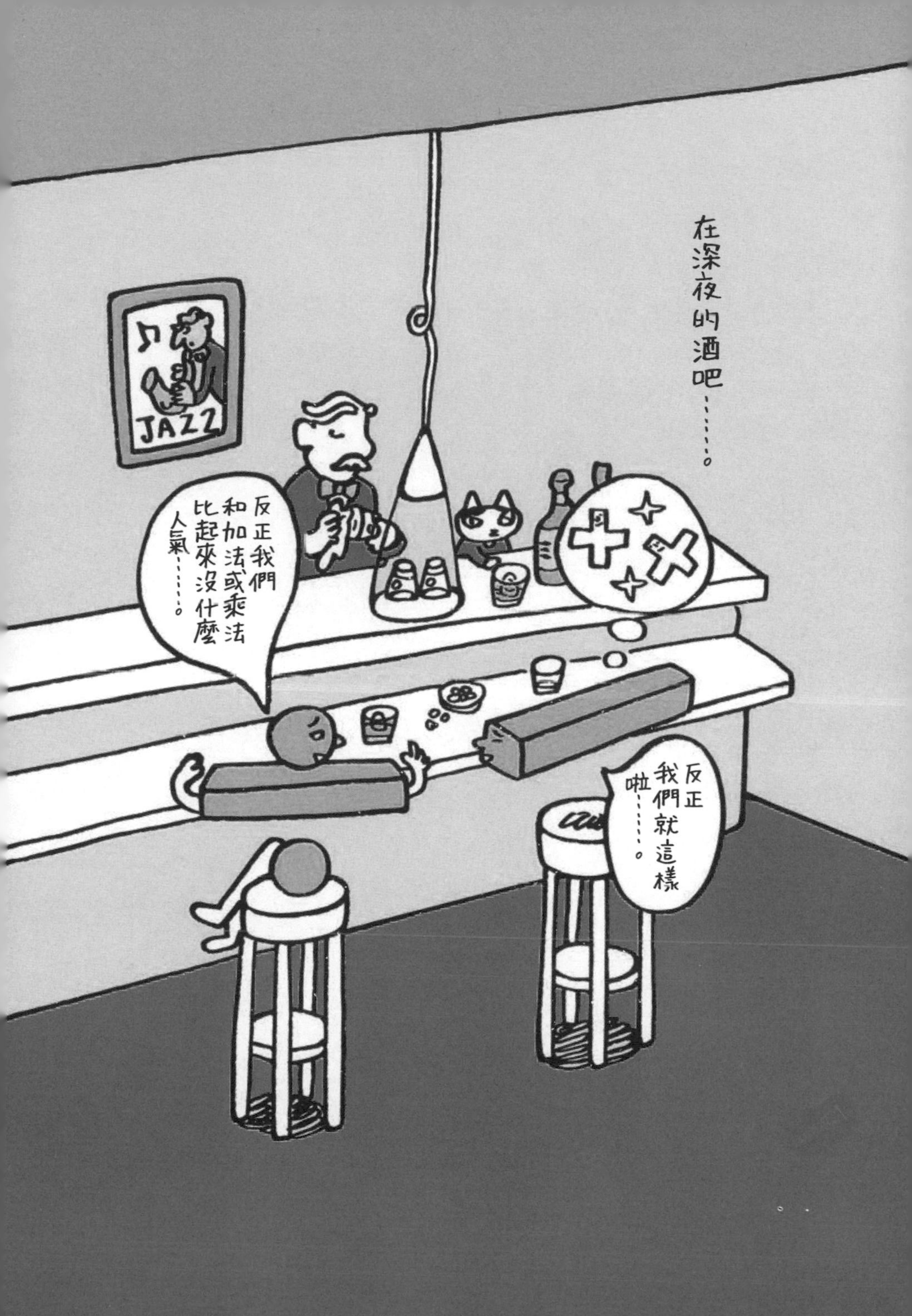
在深夜的酒吧……。
反正我們和加法或乘法比起來沒什麼人氣……。
反正我們就這樣啦……。

$$2-3=2+(-3)=(-3)+2=-1$$

如此便可使其符合交換律。在學習向量的時候就有用過這種計算技巧。

我們曾用「**向量的反轉**」來表示這種技巧，不過這裡會用另一個詞來描述這種方法。

一般來說，和某個數相加後會等於0的數，就是這個數的「**相反數**」。因為加法有交換律，所以就算兩數相加順序倒過來，相反數的關係也一樣成立。譬如說：

1的相反數是－1，－1的相反數是1，
2的相反數是－2，－2的相反數是2，
3的相反數是－3，－3的相反數是3.

用相反數可以將減法改寫成加法。改寫成加法之後，就可以任意改變運算順序了。

減法「2－3」就相當於數字2加上3的相反數（－3）.

這表示減法在廣義上也能看成一種加法，使減法在處理上變得更簡單。

除法與倒數

再來是除法。讓我們直接看幾個算式，再由這些算式推導出我們想講的邏輯吧。

首先，一個數除以自己時，商會是1。譬如以下這個例子。

$$3 \div 3 = 1, \qquad \text{可以用分數表示成} \quad \frac{3}{3} = 1.$$

另外，除以一個數後，再馬上乘以同一個數，會得到原來的數，數值完全沒變。譬如

$$(1 \div 3) \times 3 = 1, \quad \text{可以用分數表示成} \quad \frac{1}{3} \times 3 = 1$$

我們可以再用乘法的交換律，交換前後項得到

$$3 \times (1 \div 3) = 1, \quad \text{可以用分數表示成} \quad 3 \times \frac{1}{3} = 1$$

不管以哪個自然數代入，這個式子都會成立。也就是說，對於任何自然數，以下關係皆成立。

$$1 = 2 \times \frac{1}{2} = 3 \times \frac{1}{3} = 4 \times \frac{1}{4} = 5 \times \frac{1}{5} = 6 \times \frac{1}{6} = \cdots$$

和某個數相乘後會等於1的數，就是這個數的「**倒數**」。與相反數類似，由於乘法也有交換律，所以就算兩數相乘的順序倒過來，倒數的關係也一樣成立。譬如說：

$$2\text{的倒數是}\frac{1}{2}, \ \frac{1}{2}\text{的倒數是}2,$$

$$3\text{的倒數是}\frac{1}{3}, \ \frac{1}{3}\text{的倒數是}3,$$

$$4\text{的倒數是}\frac{1}{4}, \ \frac{1}{4}\text{的倒數是}4.$$

前面提到的三個結果可排列如下。

$$\frac{3}{3} = 1, \quad \frac{1}{3} \times 3 = 1, \quad 3 \times \frac{1}{3} = 1$$

然後，這時……

由此可知，分子中的數可以提出至分數之外，轉變成相乘形式。換言之，乘上一個分數，和乘上這個分數的分子意思相同。

另外也可以看出，將分數乘上一個數，會等於這個數乘上分數。

讓我們用以上結果來計算分數5/7的倒數是多少吧。先將5/7改寫成

$$\frac{5}{7} = 5 \times \frac{1}{7}$$

其中，5的倒數是1/5，1/7的倒數是7。將5/7乘上這兩個數的倒數之後，答案應該會等於1才對。

試著將上式的左右兩邊皆乘上兩個倒數吧。

$$\text{左邊} = \frac{5}{7} \times \left(\frac{1}{5} \times 7\right) = \frac{5}{7} \times \frac{7}{5},$$

$$\text{右邊} = 5 \times \frac{1}{7} \times \left(\frac{1}{5} \times 7\right) = \left(5 \times \frac{1}{5}\right) \times \left(7 \times \frac{1}{7}\right) = 1$$

再將左右兩邊的最右邊的結果連接起來，可以得到下式。

$$\frac{5}{7} \times \frac{7}{5} = 1.$$

因此，題目給定的分數5/7的倒數為7/5。

由此看來，分數的倒數在形式上可以看做是「調換分子與分母」。**但請各位不要只是死背這個標語般的規則，而是自己舉出各種例子，試著算算看，思考這個運算的意義，在數學的道路上一步步前進**。最後就會知道哪裡可以走捷徑。

接著就讓我們利用倒數來改造除法。

6 將除法變為乘法

前面提到使用「相反數」可以將減法轉變成加法。另外，也提到當兩個數相乘後得到1時，這兩個數便互為「倒數」。本章就來介紹如何用倒數將除法轉變為乘法吧。

乘除轉換

首先來看一個簡單的例子。

一個數除以自己時，商會等於1。而一個數在除以另一個數，再乘以相同的數後，會變回原來的數。舉例來說

$$3\div3=1,\quad (1\div3)\times3=1,\quad 3\times(1\div3)=1$$

最後一個算式由乘法的交換律推導而得。

請看左右兩邊的式子，兩個式子都等於1，所以可以用等號連接。觀察得到的式子，會發現一個有趣的關係。

$$3\div3=3\times(1\div3).$$

接著將等號右邊改用分數表示，可以得到以下等式。

$$3\div3=3\times\frac{1}{3}.$$

很神奇吧，**等號左邊是3除以3，等號右邊卻是3乘以3的倒數1/3**。

以上結果可說是「理所當然」。就算改用其他自然數計算，也會得到一樣的結論。

$\div 2 \rightarrow \times \frac{1}{2}$
$\div 3 \rightarrow \times \frac{1}{3}$
$\div 5 \rightarrow \times \frac{1}{5}$
所以說，「除以」一個數，就會等於「乘以」這個數的倒數。
真的耶！
原來如此！

我們可以運用這種方法，將除法改寫為乘法。而且，將等式中的數字換成其他數字，也可以得到同樣的結果。比方說

$$2 \div 3 = 2 \times \frac{1}{3} = \frac{1}{3} \times 2 = \frac{2}{3}$$

這樣除法就不可怕了對吧。

分數間的乘除法

試著計算複雜一點的算式吧。

2除以3，再將結果除以5；或者是先將除數合併3×5＝15，再用2除以15。兩種計算方式得到的答案相同。也就是說

$$(2 \div 3) \div 5 = 2 \div 15$$

利用倒數的性質，將除法改寫成乘法之後，可以得到

$$\left(2 \times \frac{1}{3}\right) \times \frac{1}{5} = 2 \times \frac{1}{15}$$

整理以後可以得到

$$\frac{2}{3} \times \frac{1}{5} = \frac{2}{15}$$

由這個結果，可以看出兩個分數相乘時，可以用以下方式計算。

$$\frac{2}{3} \times \frac{1}{5} \Rightarrow \frac{2 \times 1}{3 \times 5} = \frac{2}{15}.$$

今天要來料理這塊魚板。
首先切出$\frac{2}{3}$塊魚板。
再切出這塊魚板的$\frac{1}{5}$。
完成。
食用時請沾哇沙米和醬油。
$\frac{2}{15}$的魚板完成。

請各位自行選擇各種數字，代入上述式子計算。多計算幾次，應該就可以實際體會到：**計算兩個分數的乘法時，只要將兩個分子相乘、兩個分母相乘就可以了**。

用圖形來表示一般化的計算過程，應該可以讓人留下更深的印象才對，如下所示。

$$\frac{\bigcirc}{\square} \times \frac{\blacklozenge}{\blacktriangle} = \frac{\bigcirc \times \blacklozenge}{\square \times \blacktriangle}$$

請試著將各式各樣的數字帶入這些黑、白符號。

分數的除法也可以用同樣的原理計算。拿以下算式來說

$$\frac{2}{3} \div \frac{5}{7}$$

先求除數5/7的倒數，得到7/5，再將被除數乘上7/5，如下所示。

$$\frac{2}{3}\times\frac{7}{5}=\frac{2\times7}{3\times5}=\frac{14}{15}.$$

分數除法的一般化計算過程中，會先求出除數的倒數，也就是「交換除數的分子與分母」，如下所示。

$$\frac{\bigcirc}{\square}\div\frac{\blacklozenge}{\blacktriangle}=\frac{\bigcirc\times\blacktriangle}{\square\times\blacklozenge}.$$

既然都用圖形表示了，就讓我們回到分數的定義，看看還有哪些有趣之處吧。前面我們一再提到，分數就是除法。

分數間的除法

我們還可以把分數間的除法寫成「分數的分數」，也就是繁分數的形式。

$$\frac{\bigcirc}{\square} \div \frac{\blacklozenge}{\blacktriangle} = \frac{\frac{\bigcirc}{\square}}{\frac{\blacklozenge}{\blacktriangle}}.$$

將這個繁分數乘上「$\square\times\blacktriangle/\square\times\blacktriangle$」，也就是「1」之後，可以得到

$$\frac{\square\times\blacktriangle}{\square\times\blacktriangle}\times\frac{\frac{\bigcirc}{\square}}{\frac{\blacklozenge}{\blacktriangle}} = \frac{(\square\times\blacktriangle)\frac{\bigcirc}{\square}}{(\square\times\blacktriangle)\frac{\blacklozenge}{\blacktriangle}} = \frac{\bigcirc\times\blacktriangle}{\square\times\blacklozenge}$$

和之前算出來的答案一樣。這個計算過程告訴我們，繁分數可以視為分數之間的除法。

分數餐廳

這個3/7杯的紅酒還真好喝。
這是19/85份的烤雞。
5/12人份的甜點！
好的。我知道了。
那就17/21份的煎魚。

7 「0次方」是什麼

接下來我們要進入新的數學領域，在此之前，先介紹一種新的「數字表示方式」。這可以讓我們用更豐富、更方便的方式來表示數字，是分數計算時不可或缺的工具。

指數計算

同一個數自乘多次時，稱之為二次方、三次方、四次方……等。假設原本的數是2，那麼自乘多次的2就可以寫成

$$2^2, 2^3, 2^4, \ldots$$

這種寫法叫做「**次方**」。

次方是用來表示一個數自乘多次，自乘的次數則寫在數的右上角，如下所示

$$2^2 = 2\times2,\quad 2^3 = 2\times2\times2,\quad 2^4 = 2\times2\times2\times2, \ldots$$

而右上角的數字就叫做「**指數**」。

次方的計算只要展開為數字的連乘，就可以明白規則。

$$\left.\begin{aligned} 2^3\times2^4 &= (2\times2\times2)\times(2\times2\times2\times2)\\ &= 2\times2\times2\times2\times2\times2\times2\\ &= 2^7 \end{aligned}\right\} \to 2^3\times2^4 = 2^{3+4} = 2^7.$$

也就是說，**乘法可以轉換成「指數的加法」**。知道這種方便的計算方式後，不禁讓人想知道這麼方便的計算方式可以用在哪些地方。那麼，就先從前面中沒有提到的2的「一次方」開始討論吧。

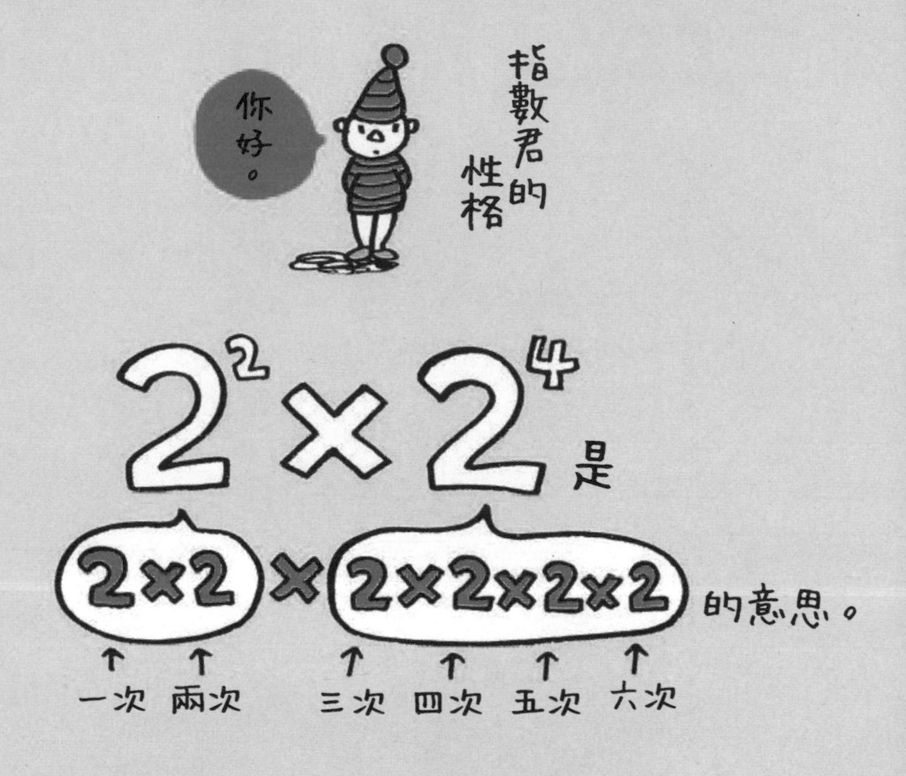
你好。
指數君的性格
$2^2 \times 2^4$ 是
$(2 \times 2) \times (2 \times 2 \times 2 \times 2)$ 的意思。
一次 兩次 三次 四次 五次 六次

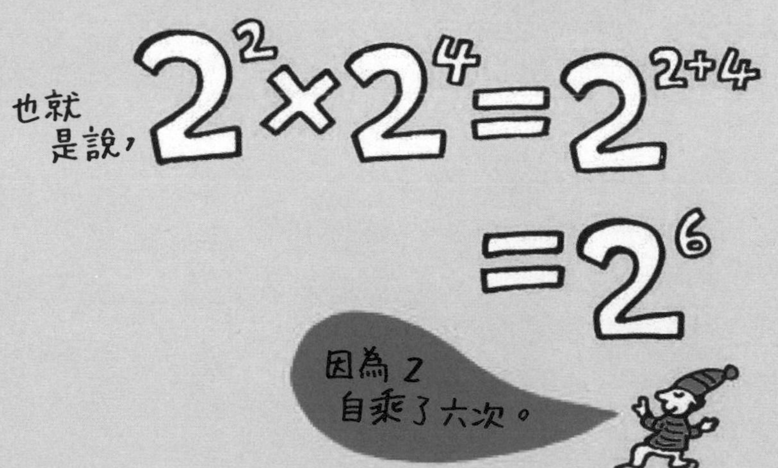
也就是說，$2^2 \times 2^4 = 2^{2+4}$
$= 2^6$
因為2自乘了六次。

應該不難想像，2的一次方就是「2自己本身」吧？也就是說

$$2^1=2$$

或許有人會認為「既然2的一次方就是自己，那就沒必要用這麼麻煩的寫法來表示吧」。

不過，如果你能接受這種表記方式，就可以接受「所有自然數都可以當做指數（1, 2, 3,...）」這個概念，自然也可以接受以下等式。

$$2\times 2^3 \rightarrow 2^1\times 2^3=2^{1+3}=2^4$$

這種一致性實在很難讓人捨棄啊。

倒數與指數

接著讓我們來想想看，有次方的數的除法要怎麼算吧。

先來看一個簡單的例子：32÷8＝4。如果寫成分數的話，會是32/8＝4。

然後再把所有數都寫成次方形式，可以得到

$$\frac{32}{8}=4 \quad \rightarrow \quad \frac{2^5}{2^3}=2^2$$

請注意上式中每個數的指數。

這個計算過程中，我們由「五次方和三次方」得到了「二次方」的答案。這讓人自然而然聯想到5－3＝2的算式。或者說，上式的計算結果和

$$\frac{2^5}{2^3}=2^5\times\frac{1}{2^3}=2^5\times 2^{-3}=2^{5+(-3)}=2^2$$

的計算結果相同，都是「正確答案」。

綜上所述，只要利用倒數關係定義出「**負指數**」，就可以將次方的計算應用在除法上。譬如說

$$2^{-1}=\frac{1}{2^1},\quad 2^{-2}=\frac{1}{2^2},\quad 2^{-3}=\frac{1}{2^3},\quad 2^{-4}=\frac{1}{2^4},\quad 2^{-5}=\frac{1}{2^5},\ldots$$

由這個定義，我們可以將含有指數的計算推廣到許多領域而不會產生矛盾，使用範圍很廣，相當方便。

請回想一下倒數的定義。一個數的倒數，指的是和這個數相乘後會得到1的數。因此將

$$2^1 \times \frac{1}{2^1} = 1,\quad 2^2 \times \frac{1}{2^2} = 1,\quad 2^3 \times \frac{1}{2^3} = 1,\quad 2^4 \times \frac{1}{2^4} = 1, \ldots$$

利用「負指數」的定義，可以改寫如下。

$$2^1 \times 2^{-1} = 1,\quad 2^2 \times 2^{-2} = 1,\quad 2^3 \times 2^{-3} = 1,\quad 2^4 \times 2^{-4} = 1, \ldots$$

想必你也看出來了。以上式子可以再寫成以下等式。

$$\begin{aligned} 2^1 \times 2^{-1} &= 2^{1+(-1)} = 2^0 = 1, \\ 2^2 \times 2^{-2} &= 2^{2+(-2)} = 2^0 = 1, \\ 2^3 \times 2^{-3} &= 2^{3+(-3)} = 2^0 = 1, \\ 2^4 \times 2^{-4} &= 2^{4+(-4)} = 2^0 = 1, \\ &\vdots \end{aligned}$$

由此可以看出，2的「0次方」等於1。這個計算對每個數來說都一樣，不管是3^0、4^0、5^0、……還是1^0，都等於1。

$$1^0 = 1,\quad 2^0 = 1,\quad 3^0 = 1,\quad 4^0 = 1,\quad 5^0 = 1, \ldots$$

所有數的「0次方」都等於1（但0除外）。或者也可以說，在這樣的規則下，指數這個工具用起來最方便。既然好不容易建構了這種計算方式，要是有太多例外的話就不好玩了。

而且，分數的倒數也是用這個規則。譬如說

$$\frac{5}{7} \times \frac{7}{5} = 1$$

同樣的，我們可以得到

$$\left(\frac{5}{7}\right)^{-1}=\frac{7}{5}$$

兩者相乘後，可以明白到分數的0次方也是1。

$$\left(\frac{5}{7}\right)^{1}\times\left(\frac{5}{7}\right)^{-1}=\left(\frac{5}{7}\right)^{1+(-1)}=\left(\frac{5}{7}\right)^{0}=1.$$

前面提到的「1的變形」，也可以想成是因為「一個數的指數為0時，會等於1」或「一個數的0次方等於1」的規則而得到的結果。舉例來說，考慮以下關係

$$\frac{2}{2}=1\Leftrightarrow 2^{1}\times 2^{-1}=2^{0}=1.$$

這麼一來，便將指數推廣到了包含0在內的所有整數。

所謂次方這個計算，是指某個數自乘兩次或三次的計算過程。這樣的想法固然沒有錯，但如果只侷限在這個定義上的話，就沒辦法回答「2的負二次方是什麼意思？」、「3自乘0次時，會得到什麼答案？」這種連題目都很難懂的問題，自然也沒辦法進入數學學習的下一個階段。

各位在學數學的時候，請不要只看表面上的定義，而是要動手實際算算看，才能明白為什麼要這樣定義，為什麼不會矛盾，為什麼這個定義會讓計算變得更方便，為什麼這個定義可以讓數學的世界變得更豐富。

8 找出隱藏的「1」

想必你應該也已經熟悉分數的計算了吧。分數有兩層結構，和之前學到的「自然數」或「整數」不同。雖然分數是一個數，卻是由分子和分母等兩個數組成，少了任何一個，分數就沒有意義。看起來像是兩個數，其實是一個數；看起來像是一個數，其實是兩個數。分數就是一個如此有趣的數。

各種形式的「1」

分數的世界中，存在著各種形式的「1」。反過來說，許多分數的分子、分母皆不同，卻代表著相同大小的數。

請看下面的例子，這個分數究竟有多大呢？

$$\frac{9!}{362880}$$

如果分數的分子與分母含有相同的數，就可以用「1的變形」，把這些數消除掉了，但這個分數的分子與分母乍看之下完全不同。繼續煩惱下去也不是辦法，還是老實算出分子有多大吧。階乘符號「!」代表從1到這個數的所有自然數之乘積。

$$9!=1\times2\times3\times4\times5\times6\times7\times8\times9=362880.$$

沒想到，這個分數的分子和分母只是表記方式不同而已，其實是同一個數。也就是說，這個分數等於1。

不過，既然我們學過那麼多種分數的表現方式，何不試著把這個分數變形成更多有趣的樣子呢？首先，試著將分母也寫成階乘的形式，然後用「1的變形」依序轉換成1。

9!
362880

$$\frac{9!}{362880} = \frac{1\times2\times3\times4\times5\times6\times7\times8\times9}{1\times2\times3\times4\times5\times6\times7\times8\times9}$$

$$= \frac{1}{1}\times\frac{2}{2}\times\frac{3}{3}\times\frac{4}{4}\times\frac{5}{5}\times\frac{6}{6}\times\frac{7}{7}\times\frac{8}{8}\times\frac{9}{9}$$

$$= 1\times1\times1\times1\times1\times1\times1\times1\times1$$

$$= 1.$$

因為項數很多，算起來好像有點麻煩對吧。不過，雖然這種計算看似簡單，好像沒什麼「練習」的意義，但只要親自算過一次，這些數字就會在腦中留下印象，之後碰到更複雜的計算時，就能自然而然地寫出答案。

約分與質因數分解

接著來談談更有意義的變形吧。

沒錯，在處理自然數的乘積時，我們常會將給定的數分解

成質數的乘積，也稱做「**質因數分解**」。各位還記得「質數是數的原子」嗎？那麼，就讓我們試著將分數的分子、分母等分解成「原子」吧。首先將9!質因數分解。

$$1\times2\times3\times4\times5\times6\times7\times8\times9$$
$$=2\times3\times(2^2)\times5\times(2\times3)\times7\times(2^3)\times(3^2)$$
$$=2^7\times3^4\times5\times7.$$

很簡單對吧。計算結果為

$$\frac{9!}{362880}=\frac{2^7\times3^4\times5\times7}{2^7\times3^4\times5\times7}=\frac{2^7}{2^7}\times\frac{3^4}{3^4}\times\frac{5}{5}\times\frac{7}{7}=1$$

可見當我們想了解分數的組成、寫成簡單易懂的形式時，質因數分解是很重要的工具。

接著來看下一個例題

$$\frac{362880}{720}.$$

最快的方法是直接相除，不過這裡就先試著質因數分解吧。分子和前一個問題一樣，質因數分解後是$9!=2^7\times3^4\times5\times7$。

再來就是分母的質因數分解了，分解結果如下

$$720=2^4\times3^2\times5.$$

所以，這個分數可以改寫成以下形式

$$\frac{362880}{720}=\frac{2^7\times3^4\times5\times7}{2^4\times3^2\times5}.$$

讓我們試著從這個式子中提出「1」吧。將同時存在於分子、分母的質因數彼此配對，然後提到前面，結果如下所示。

$$\begin{aligned}\frac{2^7\times3^4\times5\times7}{2^4\times3^2\times5}&=\left(\frac{2^4}{2^4}\times\frac{3^2}{3^2}\times\frac{5}{5}\right)\times2^3\times3^2\times7\\&=2^3\times3^2\times7\\&=504.\end{aligned}$$

最後，再來看看一個稍微複雜一點的題目。

$$\frac{1188}{630}.$$

這次就直接用質因數分解一口氣解決吧。

$$\frac{1188}{630}=\frac{2^2\times3^3\times11}{2\times3^2\times5\times7}=\left(\frac{2}{2}\times\frac{3^2}{3^2}\right)\times\frac{2\times3\times11}{5\times7}=\frac{66}{35}.$$

怪人Mr.1家族登場！

像這樣，尋找同時存在於分子與分母的數，將其提出來，使分數的數字變得更簡單的過程，就叫做「**約分**」。

約分可以分成很多步驟。首先，從分數1188/630的分子、分母提出同時存在於兩者中的數字2，約分得到

$$\frac{1188}{630} \rightarrow \frac{594}{315}$$

接著再提出3，得到

$$\frac{594}{315} \rightarrow \frac{198}{105}$$

這也是1188/630的約分結果。

以上兩個分數仍是「可以再約分」的狀態。不過，如果繼續約分到以下結果時

$$\frac{66}{35} = \frac{2\times3\times11}{5\times7}$$

分子和分母就沒有相同的質因數了。

像66、35這種沒有相同質因數的一組數（即使它們本身不是質數），它們的關係就叫做「**互質**」。

而當一個分數的分子、分母彼此互質時，這個分數就無法再約分。換言之，這個分數「**已經約分到最簡單的樣子**」，故稱做「**最簡分數**」。

各位有時候會在考試中看到這樣的題目「請化簡以下分數」，這就是請你「求出最簡分數」的意思。

因此，為了「化簡分數、求出最簡分數」，就要持續提出並處理分子與分母的相同質因數，直到分子與分母互質才行。

這棟房子內也住著Mr.1家族……。
1188
630
我找到了！
這裡也有！
又找到一個人了！
找到三個人了！
嗯，辛苦了。

9 最大·公·因數

將給定的分數持續約分，直到沒辦法再約分後，就是所謂的最簡分數。而在約分的過程中，質因數分解扮演著很重要的角色。這裡就讓我們先回到「數的因數」這個基本原理，一起探究最簡分數的秘密。

質因數分解與指數

當一個數可以整除另一個數時，這個除數就是被除數的「**因數**」，反過來說，被除數就是除數的「**倍數**」。

回頭看前一章的例題。前一章中我們提到

$$\frac{1188}{630}=\frac{66\times18}{35\times18}=\frac{66}{35}$$

而這個分數可以寫成

$$\frac{66}{35}=\frac{2\times3\times11}{5\times7}$$

分子與分母互質——不存在任何一個質數能同時整除分子與分母——所以這個分數沒辦法再約分。也就是說，這是一個最簡分數。

而一開始的算式中，18這個數字就是將分子與分母質因數分解後，兩者的共通部分，且$18=2\times3^2$。

這裡要特別注意的是，分子與分母都有18這個因數。請你想想看，對於給定的1188、630這兩個數來說，18有什麼意義？讓我們從質因數分解開始說起。

$$1188=2^2\times3^3\times11,\quad 630=2\times3^2\times5\times7$$

若要列出這兩個數的所有因數，而且不能有遺漏，該怎麼做才好呢？

以1188為例，這個數含有2、3、11的質因數，這些數顯然是1188的因數。此外，這些質因數的乘積：

$$2\times3,\quad 3\times11,\quad 2\times3\times11,...$$

也是1188的因數。不過，這樣亂槍打鳥的數法，感覺很容易漏掉，沒辦法完整列出所有因數。

所以，這裡就讓我們用前面介紹的「含有0的指數表記法」改寫看看吧。列出所有質因數，僅用指數的變化來表示這個數的所有因數，就像這樣

$$2=2^1\cdot3^0\cdot11^0,\quad 3=2^0\cdot3^1\cdot11^0,\quad 11=2^0\cdot3^0\cdot11^1,$$
$$2\times3=2^1\cdot3^1\cdot11^0,\ 3\times11=2^0\cdot3^1\cdot11^1,\ 2\times3\times11=2^1\cdot3^1\cdot11^1$$

中間的黑點「·」是乘號的省略記號（2·3和2×3的意思相同）。之後列舉出質因數時，如果空間不夠，就會改用這種符號表示。

不會有遺漏的數數方式

不遺漏、不重複地計算出有多少種情況是很重要的事，卻也是很困難的任務。譬如說，在討論一般社會性問題時，列出各種可能性是很重要的一環。

看不出裡面到底有什麼耶……
♪
1188
釣因數

現實中，通常很難列出所有可能的情況。不過在數學領域中，如果數字不是特別複雜的話，我們仍有方法保證可以列出所有可能。練習這種「數數」的方法，在數學領域中是很重要的事。

在列出一個數的所有因數時，我們可以用指數表記法，準確列出所有因數，不會遺漏任何一個。

接著依序改變指數，並將各個結果列成一張表。為了列出所有可能，我們會先固定其中一個指數的數值——譬如說先固定2的指數為0，然後依序增加3的指數和11的指數。

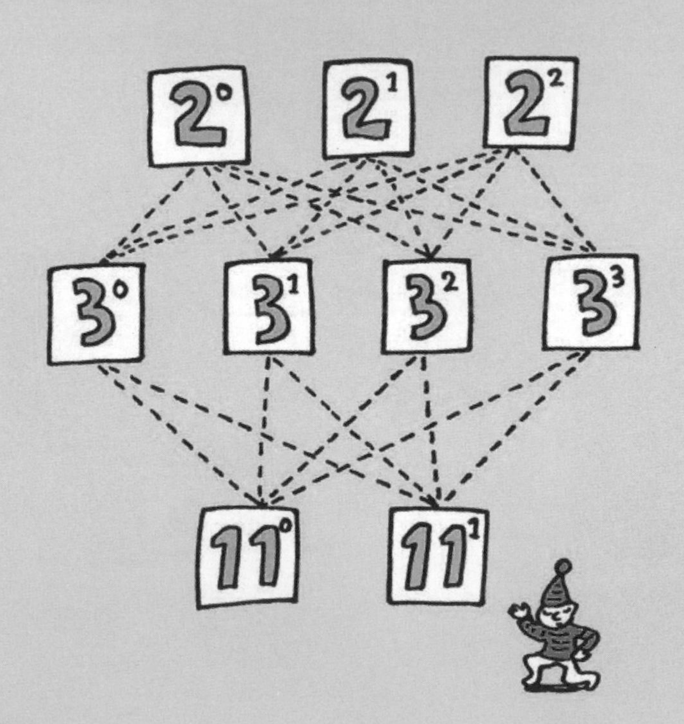

1188的因數表

- $2^0\times$
  - $3^0\times$
    - $11^0=2^0\cdot3^0\cdot11^0=1$
    - $11^1=2^0\cdot3^0\cdot11^1=11$
  - $3^1\times$
    - $11^0=2^0\cdot3^1\cdot11^0=3$
    - $11^1=2^0\cdot3^1\cdot11^1=33$
  - $3^2\times$
    - $11^0=2^0\cdot3^2\cdot11^0=9$
    - $11^1=2^0\cdot3^2\cdot11^1=99$
  - $3^3\times$
    - $11^0=2^0\cdot3^3\cdot11^0=27$
    - $11^1=2^0\cdot3^3\cdot11^1=297$
- $2^1\times$
  - $3^0\times$
    - $11^0=2^1\cdot3^0\cdot11^0=2$
    - $11^1=2^1\cdot3^0\cdot11^1=22$
  - $3^1\times$
    - $11^0=2^1\cdot3^1\cdot11^0=6$
    - $11^1=2^1\cdot3^1\cdot11^1=66$
  - $3^2\times$
    - $11^0=2^1\cdot3^2\cdot11^0=18$
    - $11^1=2^1\cdot3^2\cdot11^1=198$
  - $3^3\times$
    - $11^0=2^1\cdot3^3\cdot11^0=54$
    - $11^1=2^1\cdot3^3\cdot11^1=594$
- $2^2\times$
  - $3^0\times$
    - $11^0=2^2\cdot3^0\cdot11^0=4$
    - $11^1=2^2\cdot3^0\cdot11^1=44$
  - $3^1\times$
    - $11^0=2^2\cdot3^1\cdot11^0=12$
    - $11^1=2^2\cdot3^1\cdot11^1=132$
  - $3^2\times$
    - $11^0=2^2\cdot3^2\cdot11^0=36$
    - $11^1=2^2\cdot3^2\cdot11^1=396$
  - $3^3\times$
    - $11^0=2^2\cdot3^3\cdot11^0=108$
    - $11^1=2^2\cdot3^3\cdot11^1=1188$

630的因數表

- $2^0\times$
  - $3^0\times$
    - $5^0\times$
      - $7^0=2^0\cdot3^0\cdot5^0\cdot7^0=1$
      - $7^1=2^0\cdot3^0\cdot5^0\cdot7^1=7$
    - $5^1\times$
      - $7^0=2^0\cdot3^0\cdot5^1\cdot7^0=5$
      - $7^1=2^0\cdot3^0\cdot5^1\cdot7^1=35$
  - $3^1\times$
    - $5^0\times$
      - $7^0=2^0\cdot3^1\cdot5^0\cdot7^0=3$
      - $7^1=2^0\cdot3^1\cdot5^0\cdot7^1=21$
    - $5^1\times$
      - $7^0=2^0\cdot3^1\cdot5^1\cdot7^0=15$
      - $7^1=2^0\cdot3^1\cdot5^1\cdot7^1=105$
  - $3^2\times$
    - $5^0\times$
      - $7^0=2^0\cdot3^2\cdot5^0\cdot7^0=9$
      - $7^1=2^0\cdot3^2\cdot5^0\cdot7^1=63$
    - $5^1\times$
      - $7^0=2^0\cdot3^2\cdot5^1\cdot7^0=45$
      - $7^1=2^0\cdot3^2\cdot5^1\cdot7^1=315$
- $2^1\times$
  - $3^0\times$
    - $5^0\times$
      - $7^0=2^1\cdot3^0\cdot5^0\cdot7^0=2$
      - $7^1=2^1\cdot3^0\cdot5^0\cdot7^1=14$
    - $5^1\times$
      - $7^0=2^1\cdot3^0\cdot5^1\cdot7^0=10$
      - $7^1=2^1\cdot3^0\cdot5^1\cdot7^1=70$
  - $3^1\times$
    - $5^0\times$
      - $7^0=2^1\cdot3^1\cdot5^0\cdot7^0=6$
      - $7^1=2^1\cdot3^1\cdot5^0\cdot7^1=42$
    - $5^1\times$
      - $7^0=2^1\cdot3^1\cdot5^1\cdot7^0=30$
      - $7^1=2^1\cdot3^1\cdot5^1\cdot7^1=210$
  - $3^2\times$
    - $5^0\times$
      - $7^0=2^1\cdot3^2\cdot5^0\cdot7^0=18$
      - $7^1=2^1\cdot3^2\cdot5^0\cdot7^1=126$
    - $5^1\times$
      - $7^0=2^1\cdot3^2\cdot5^1\cdot7^0=90$
      - $7^1=2^1\cdot3^2\cdot5^1\cdot7^1=630$

這麼一來，便求出了分子與分母的所有因數，分別列出如下。分子與分母各有二十四個因數。

1188：{**1**, **2**, **3**, 4, **6**, **9**, 11, 12, **18**, 22, 27, 33, 36, 44, 54, 66, 99, 108, 132, 198, 297, 396, 594, 1188},
630：{**1**, **2**, **3**, 5, **6**, 7, **9**, 10, 14, 15, **18**, 21, 30, 35, 42, 45, 63, 70, 90, 105, 126, 210, 315, 630}.

兩者共同的因數在約分時相當重要，可以整除分子，也可以整除分母，也稱做「**公因數**」。在上方數列中以**粗體字**表示。而這兩個數的公因數包含了以下六個。

1,　2,　3,　6,　9,　**18**.

由以上結果可以知道，18是能同時整除分子與分母的公因數中最大的數，同時由$18=2\cdot3^2$可知，所有的公因數也都是18的因數。此數就稱做「**最大公因數**」。換言之，最大公因數就是將分數約分至最簡分數的關鍵。

另外，66/35中，分子與分母的因數分別為

66：{**1**, 2, 3, 11}　　35：{**1**, 5, 7}

只有一個公因數1，所以1也是它們的最大公因數。

由以上討論可以知道，**分數中的分子與分母的最大公因數為1時，這個分數就是最簡分數**。為了精簡這個「兩層的數」，使上下層沒有重複的數字，我們得「善加利用」最大公因數。

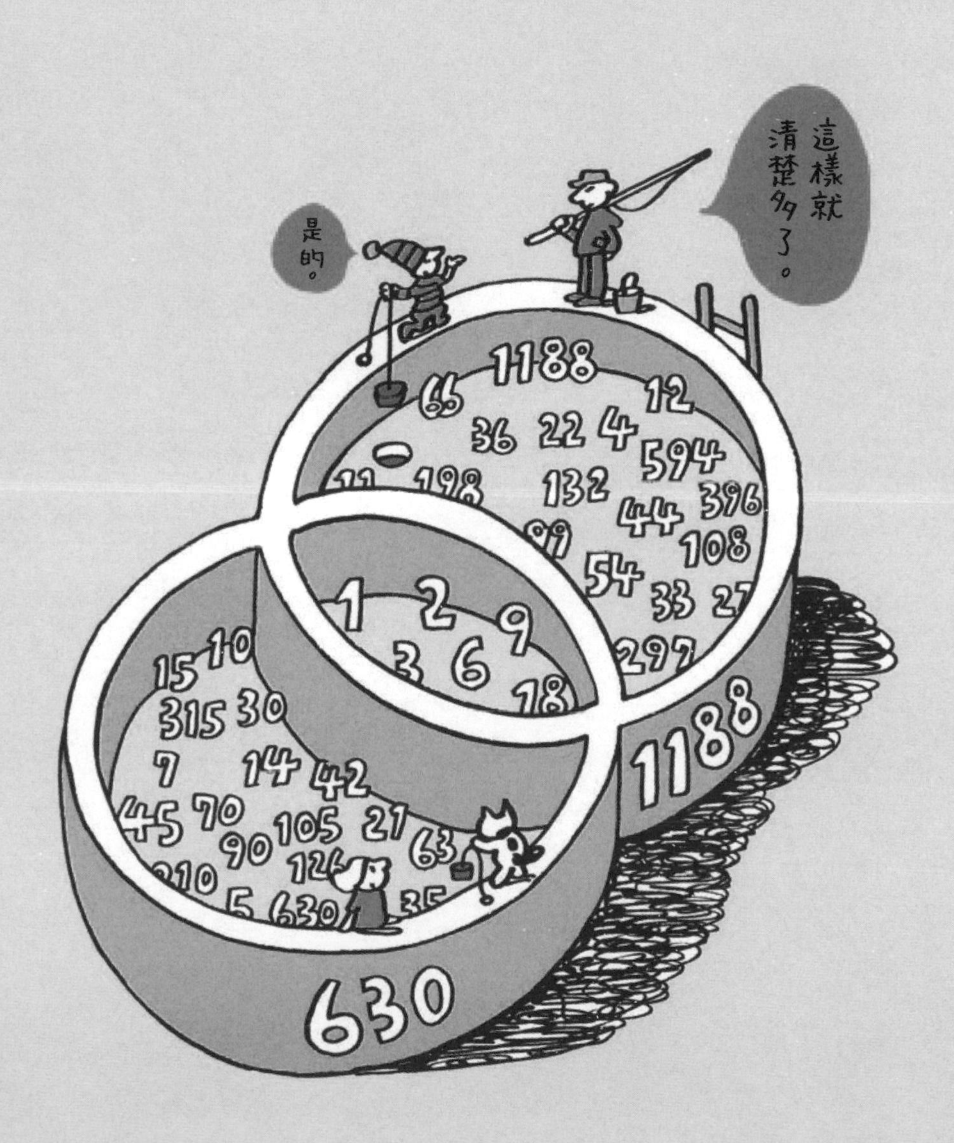
這樣就
清楚多了。
是的。
1188
66
12
36
22
4
594
132
396
198
44
108
54
33
297
1
2
9
3
6
18
1188
15
10
315
30
7
14
42
45
70
90
105
21
63
126
210
5
630
630

另外，還可以用以下表記方式寫出兩數的最大公因數。

$$(1188, 630) = 18$$

這種表記方式看似平凡無奇，容易和其他數學符號搞混，然而在專門研究數字性質的數學領域——「**整數論**」中，是很常用的表記方式。整數論也可簡稱為「**數論**」，這個領域中也有很多活躍的日本數學家。

兩個數互質時，兩數間就只有1這個公因數。故可表記如下。

$$(66, 35) = 1.$$

我和波奇的「最大公因數」？

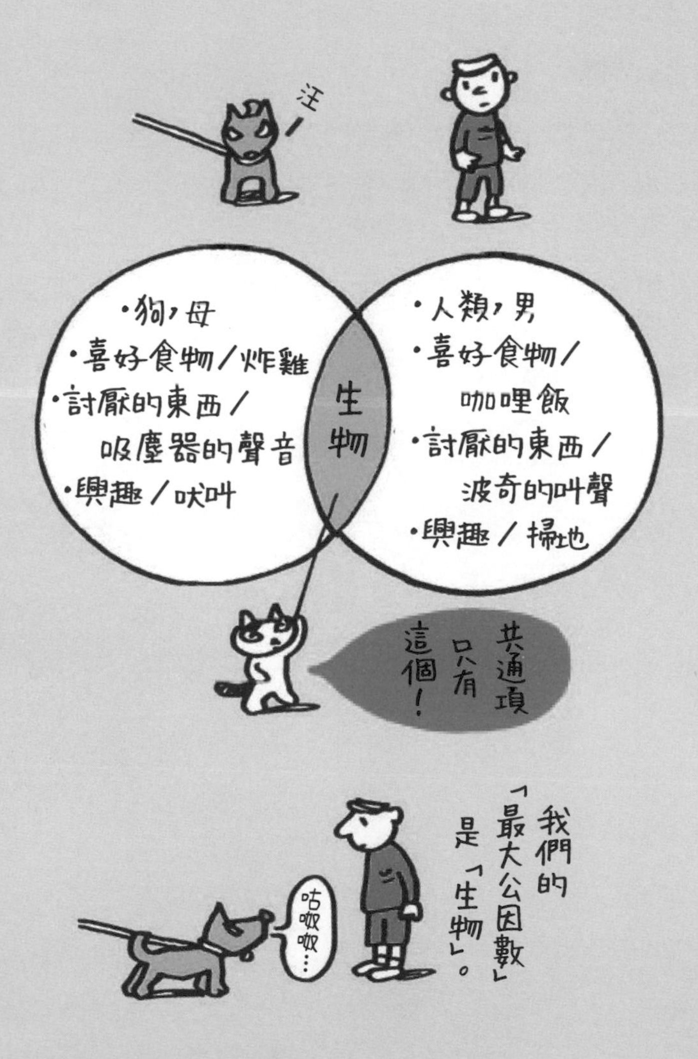
汪！
・狗，母
・喜好食物／炸雞
・討厭的東西／吸塵器的聲音
・興趣／吠叫
生物
・人類，男
・喜好食物／咖哩飯
・討厭的東西／波奇的叫聲
・興趣／掃地
共通項只有這個！
我們的「最大公因數」是「生物」。
咕嚕嚕⋯

10 因數：積與和的世界

我們在前一章中學到如何將所有因數列出製表，沒有遺漏、沒有重複。本章中將改從計算的角度回答同一個問題。

展開後尋找因數

只要由質因數分解得到一個數的質因數組合，就可以藉此求出這個數有哪些因數。不過，要是求算步驟出錯的話，答案也會是錯的。

最簡單又最不容易出錯的方法，是利用數學式基本性質來計算，不過算起來手很痠就是了。先將各質因數的指數從小排到大，然後再用分配律展開這個式子，就像我們在前一章中示範的一樣，別忘了也要寫出「指數0」的因數。

以1188為例，因為$1188 = 2^2 \cdot 3^3 \cdot 11$，所以可以展開成

$$(2^0+2^1+2^2)(3^0+3^1+3^2+3^3)(11^0+11^1)$$

要注意的是，我們並非要由這個式子計算出具體數值，而是要將式子展開。

而且在真正展開這個式子之前，由這三個括弧中的項目，我們就可以計算出1188有多少個因數。第一個括弧有2^0、2^1、2^2三項，第二個括弧有3^0、3^1、3^2、3^3四項，第三個括弧有11^0、11^1兩項，所以1188共有3×4×2＝24個因數。

接著就把它們一口氣展開吧。

1188：$(2^0+2^1+2^2)(3^0+3^1+3^2+3^3)(11^0+11^1)$

$$\begin{aligned} =\ & 2^0\cdot3^0\cdot11^0+2^0\cdot3^0\cdot11^1+2^0\cdot3^1\cdot11^0+2^0\cdot3^1\cdot11^1 \\ &+2^0\cdot3^2\cdot11^0+2^0\cdot3^2\cdot11^1+2^0\cdot3^3\cdot11^0+2^0\cdot3^3\cdot11^1 \\ &+2^1\cdot3^0\cdot11^0+2^1\cdot3^0\cdot11^1+2^1\cdot3^1\cdot11^0+2^1\cdot3^1\cdot11^1 \\ &+2^1\cdot3^2\cdot11^0+2^1\cdot3^2\cdot11^1+2^1\cdot3^3\cdot11^0+2^1\cdot3^3\cdot11^1 \\ &+2^2\cdot3^0\cdot11^0+2^2\cdot3^0\cdot11^1+2^2\cdot3^1\cdot11^0+2^2\cdot3^1\cdot11^1 \\ &+2^2\cdot3^2\cdot11^0+2^2\cdot3^2\cdot11^1+2^2\cdot3^3\cdot11^0+2^2\cdot3^3\cdot11^1. \end{aligned}$$

然後，也用同樣的方式展開$630=2\cdot3^2\cdot5\cdot7$

630：$(2^0+2^1)(3^0+3^1+3^2)(5^0+5^1)(7^0+7^1)$

$$\begin{aligned} =\ & 2^0\cdot3^0\cdot5^0\cdot7^0+2^0\cdot3^0\cdot5^0\cdot7^1+2^0\cdot3^0\cdot5^1\cdot7^0+2^0\cdot3^0\cdot5^1\cdot7^1 \\ &+2^0\cdot3^1\cdot5^0\cdot7^0+2^0\cdot3^1\cdot5^0\cdot7^1+2^0\cdot3^1\cdot5^1\cdot7^0+2^0\cdot3^1\cdot5^1\cdot7^1 \\ &+2^0\cdot3^2\cdot5^0\cdot7^0+2^0\cdot3^2\cdot5^0\cdot7^1+2^0\cdot3^2\cdot5^1\cdot7^0+2^0\cdot3^2\cdot5^1\cdot7^1 \\ &+2^1\cdot3^0\cdot5^0\cdot7^0+2^1\cdot3^0\cdot5^0\cdot7^1+2^1\cdot3^0\cdot5^1\cdot7^0+2^1\cdot3^0\cdot5^1\cdot7^1 \\ &+2^1\cdot3^1\cdot5^0\cdot7^0+2^1\cdot3^1\cdot5^0\cdot7^1+2^1\cdot3^1\cdot5^1\cdot7^0+2^1\cdot3^1\cdot5^1\cdot7^1 \\ &+2^1\cdot3^2\cdot5^0\cdot7^0+2^1\cdot3^2\cdot5^0\cdot7^1+2^1\cdot3^2\cdot5^1\cdot7^0+2^1\cdot3^2\cdot5^1\cdot7^1. \end{aligned}$$

像這樣依照固定規則展開、整理，就可以得到所有因數，不遺漏任何一個。接下來只要各別算出因數是多少就行了。

這個方法的優點是，**在求出各個因數的同時，也能求出所有因數的和。**

完全數的驗算

聽到「因數的和」就會聯想到「**完全數**」——除了自己之外的因數總和會等於自己的數。依其定義，完全數是「**因數總和為本身兩倍**」的數，本章中主要會使用到這個定義。

具體來說，包括6、28、496、8128、……等等。

將第一個完全數$6=2\cdot 3$質因數分解後，再將式子展開：

$$\begin{aligned}\mathbf{6}:&(2^0+2^1)(3^0+3^1)\\&=2^0\cdot 3^0+2^0\cdot 3^1+2^1\cdot 3^0+2^1\cdot 3^1\\&=1+2+3+6=12=2\times\mathbf{6}\end{aligned}$$

確實是「完全數」沒錯。另外，如果不算出一個個因數，而是直接算出其總和，可以得到

$$(2^0+2^1)(3^0+3^1)=3\times 4=12$$

計算變得更簡單了對吧。

下一個完全數28也可以用同樣的方法求得。28的質因數分解為$28=2^2\cdot 7$，故其展開式為

$$\begin{aligned}\mathbf{28}:&(2^0+2^1+2^2)(7^0+7^1)\\&=2^0\cdot 7^0+2^0\cdot 7^1+2^1\cdot 7^0+2^1\cdot 7^1+2^2\cdot 7^0+2^2\cdot 7^1\\&=1+7+2+14+4+28=56=2\times\mathbf{28}.\end{aligned}$$

這也是「完全數」。如果只計算因數總和，用和剛才一樣的算式，可以得到

$$(2^0+2^1+2^2)(7^0+7^1)=(1+2+4)(1+7)=7\times 8=56.$$

完全數再次登場。
我是完全數。
因數總和為自己的兩倍……。
嗨，好久不見。
你好啊。
嘿嘿！
要尋找我有種更好的方法喔。
咦？
？
什麼方法？

但如果質因數的數目太多，指數又太大的話，這種計算方法會顯得很沒有效率。這時可以改用另一種方法來判斷一個數是否為完全數。

首先，將下一個完全數496質因數分解，可得到以下展開式：

$$\mathbf{496}=2^4\cdot 31：(2^0+2^1+2^2+2^3+2^4)(31^0+31^1)$$

先把和2有關的項拿出來，整個乘以2，如下所示

$$2^1\times(2^0+2^1+2^2+2^3+2^4)=2^1+2^2+2^3+2^4+2^5$$

接著用這個式子減去原本的式子，並稍加整理。重點在於只留下「首項」和「末項」，其餘的部分都刪除，也就是

$$2^1\times(2^0+2^1+2^2+2^3+2^4)-(2^0+2^1+2^2+2^3+2^4)$$
$$=(2^1-1)(2^0+2^1+2^2+2^3+2^4)$$

這個式子也可以改寫成

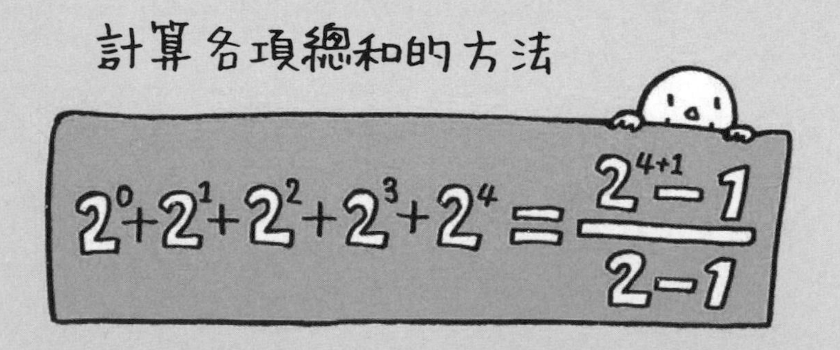

$$2^1\times(2^0+2^1+2^2+2^3+2^4)-(2^0+2^1+2^2+2^3+2^4)$$
$$=(2^{0+1}+2^{1+1}+2^{2+1}+2^{3+1}+2^{4+1})-(2^0+2^1+2^2+2^3+2^4)$$
$$=2^{4+1}-2^0$$

將兩個式子以等號連接，可以得到

$$(2^1-1)(2^0+2^1+2^2+2^3+2^4)=2^{4+1}-2^0$$

到這裡，我們的「計畫」都很順利。

將等號兩邊的式子分別除以（2^1-1），可以得到

$$2^0+2^1+2^2+2^3+2^4=\frac{2^{4+1}-2^0}{2^1-1}=\frac{\mathbf{2}^{4+1}-1}{\mathbf{2}-1}$$

這個分數會等於與2有關之項的總和，而且這個數也包含了**2**和指數**4**，這表示我們可以把其他的質因數代入這個公式。

這個方法也可以用在與31有關的項上，故這個完全數的展開式可改寫成

$$\mathbf{496}：(2^0+2^1+2^2+2^3+2^4)(31^0+31^1)=\frac{2^{4+1}-1}{2-1}\times\frac{31^{1+1}-1}{31-1}$$

計算後得到

$$\frac{2^5-1}{1}\times\frac{31^2-1}{30}=31\times32=992=2\times\mathbf{496}.$$

由此便可確定，496是一個「完全數」。

下一個完全數是$8128=2^6\cdot127$，這就更簡單了對吧。

$$\mathbf{8128}：(2^0+2^1+2^2+2^3+2^4+2^5+2^6)(127^0+127^1)$$
$$=\frac{2^{6+1}-1}{2-1}\times\frac{127^{1+1}-1}{127-1}=\frac{2^7-1}{1}\times\frac{127^2-1}{126}$$
$$=127\times128=16256=2\times\mathbf{8128}$$

由此可確定，8128是一個「完全數」。

因數原與乘法有關，不過完全數的因數在「加總」之後，卻可以重現出原本的數。或許這就是**連接了乘法與加法的「秘密通道」**吧。讓我們再多看一些完全數的性質吧。

11 神奇的數與神奇的關係

繼續來談談完全數。

由前幾章的討論，想必各位已經從質因數分解的結果中發現，所有完全數都符合「2的某次方×質數」這個形式了吧？

$$6=2^1\cdot\mathbf{3},\quad 28=2^2\cdot\mathbf{7},\quad 496=2^4\cdot\mathbf{31},\quad 8128=2^6\cdot\mathbf{127}.$$

而且，這些質數就是梅森質數的前四個。看來完全數和梅森質數之間似乎有著某種密切的關係。

又見梅森質數

我們會將可以寫成「2的某次方－1」這種形式的數稱做「**梅森數**」，如果這個數是質數的話，則稱做「**梅森質數**」。以下是幾個梅森數的例子。

$$2^1-1=1,$$
$$2^2-1=3,\text{（質數）}$$
$$2^3-1=7,\text{（質數）}$$
$$2^4-1=15=3\times5,$$
$$2^5-1=31,\text{（質數）}$$
$$2^6-1=63=7\times9,$$
$$2^7-1=127,\text{（質數）}$$
$$2^8-1=255=5\times51,$$
$$\vdots$$

在這些梅森數中，3、7、31、127等數又稱做梅森質數。

這裡將上面的完全數改寫成梅森質數的形式：

為了見梅森，
再度來到
很久以前的法國……
你終於來了！
hug!
我來介紹一下。
?
耶！
啊，是完全數！
為什麼在這裡？

$$6=2^1\cdot 3 \quad =2^{2-1}\cdot(2^2-1),$$
$$28=2^2\cdot 7 \quad =2^{3-1}\cdot(2^3-1),$$
$$496=2^4\cdot 31 \quad =2^{5-1}\cdot(2^5-1),$$
$$8128=2^6\cdot 127=2^{7-1}\cdot(2^7-1).$$

事實上，「**歐幾里得**」曾猜測所有「**偶數的完全數**」都可以寫成這種與梅森質數有關的形式。之後「**歐拉**」證明了這點。

譬如說，發現新的梅森質數：$2^{57885161}-1$後，我們馬上就可以由同樣的形式：

$$2^{57885161-1}\cdot(2^{57885161}-1)$$

求出一個新的完全數。

另外，**目前尚無法證明奇數的完全數是否存在。**

又見三角數

讓我們回來討論「完全數與因數總和間的關係」吧。

完全數的因數總和是自己的兩倍。在之前的計算中，我們提到完全數可以表示成「**連續兩個自然數的乘積**」，這表示完全數可以改寫成以下形式。

$$
\begin{aligned}
6 &= \frac{1}{2}\times(\mathbf{3}\times 4) &&= \frac{1}{2}\times[3\times(3+1)],\\
28 &= \frac{1}{2}\times(\mathbf{7}\times 8) &&= \frac{1}{2}\times[7\times(7+1)],\\
496 &= \frac{1}{2}\times(\mathbf{31}\times 32) &&= \frac{1}{2}\times[31\times(31+1)],\\
8128 &= \frac{1}{2}\times(\mathbf{127}\times 128) &&= \frac{1}{2}\times[127\times(127+1)].
\end{aligned}
$$

還記得這個式子嗎？少年時期的高斯是如何計算出「1到100的自然數總和」的呢？

$$
\begin{array}{r}
1+2+3+\cdots\cdots+98+99+100 \\
+)\ 100+99+98+\cdots\cdots+3+2+1 \\
\hline
101+101+101+\cdots\cdots+101+101+101=101\times100\div2.
\end{array}
$$

想起來了嗎？沒錯，連續兩個自然數的乘積，正好就是「**三角數**」。

因此，完全數

$$6=1+2+\mathbf{3},$$
$$28=1+2+3+4+5+6+\mathbf{7},$$
$$496=1+2+3+4+5+6+7+8+\cdots+\mathbf{31},$$
$$8128=1+2+3+4+5+6+7+8+9+\cdots+\mathbf{127}$$

也具有可以寫成「**連續自然數的總和**」的特徵。

數學能應用於很多領域，其內部知識又可分成許多部分，且各部分經常彼此相關。質因數分解得到的因數經計算後，可以用來判斷是否為「完全數」，完全數又和「梅森質數」有關，還能聯想到「三角數」，彼此都有著密不可分的關係。

第一次看到一種數的定義時，常覺得這種數似乎也沒什麼特別或沒什麼神奇的地方。但有時卻會在其他主題、其他領域、討論其他對象時，和這種數不期而遇，讓人瞠目結舌。

完全數的定義是因數總和等於自己的兩倍，而同樣以因數總和的大小定義的數還包括了「**虧數**」與「**盈數**」，有些盈數與虧數還存在著「**友愛數**」這種有趣的關係。

數學的世界由一條條道路連接而成，
就像巴黎的街道一樣。
N
W
E
S
Euclid
Rue de
Mersenne
SEINE
Rue de Py
ras
AVENUE
Pythagoras bowl
n-1
2
13466917

這裡就讓我們用最簡單的友愛數：220與284為例，說明它們的「友情」是千真萬確的。

分別計算出它們的因數總和，再減去自己本身，會發生什麼事呢？計算方式就和之前說明過的一樣。

$$
\begin{cases}
\mathbf{220} = 2^2 \cdot 5 \cdot 11 : \dfrac{2^{2+1}-1}{2-1} \cdot \dfrac{5^{1+1}-1}{5-1} \cdot \dfrac{11^{1+1}-1}{11-1} - 220 = \mathbf{284}, \\
\mathbf{284} = 2^2 \cdot 71 : \dfrac{2^{2+1}-1}{2-1} \cdot \dfrac{71^{1+1}-1}{71-1} - 284 = \mathbf{220}.
\end{cases}
$$

原來如此，這兩個數確實彼此連繫著。

學會這種方法後，就算數字再大，你也能輕鬆確認一個數是不是完全數或友愛數了。數學神奇的地方就是，愈是自己動手算，就愈能深刻體會到數學的奧妙。請一定要嘗試看看。

質因數分解一個給定的數字是件麻煩的事。所以質數才會應用在密碼上。而且，由質因數分解後的結果寫出這個數的所有因數，也不是件容易的事。

那麼，除了寫出所有因數，再從中找出公因數，以及最大公因數之外，有沒有其他更好的方法可以幫助我們將分數化簡為最簡分數呢？

未完待續的
數學之旅……
Bonne
nuit!
n-1
Z…

12 歐幾里得·兩千年的秘傳

我們可以將一個分數的分子與分母質因數分解，將其化簡為最簡分數。譬如說

$$\frac{378}{60}$$

大家可以「一眼看出」要怎麼化簡這個分數嗎？沒錯，

$$由\ \frac{2\times 3^3\times 7}{2^2\times 3\times 5}\ 可以得到\ \frac{3^2\times 7}{2\times 5}=\frac{63}{10}$$

就是這樣。習慣之後，「瞬間」就能找到質因數分解的關鍵。

那麼，以下這個例題又如何呢？

$$\frac{22249763}{18369181}$$

「這太難了吧！」或許確實如此。在各位之中，應該很少人能馬上寫出這兩個數的質因數分解吧。就算用電腦也不容易。

不過，就算不做質因數分解，還是有其他方法可以找出這兩個數的最大公因數。而且，就算沒有電腦也沒關係，只用手算也能很快算出答案。不過如果有計算機的話會更簡單。

那麼，究竟是什麼樣的「魔法」可以辦到這件事呢？

除法的秘密

若要徹底理解一種方法，就要多用這個方法來解題。而解的題目最好是那種答案已知的問題、已經有許多人用各種方法解過的問題。因為我們想學習的是問題的解法、思考方法，所以最好選擇單純、平易近人的問題。

這位就是歐幾里得。
Euclid

那麼，就用我們前面解過的

$$\frac{1188}{630}=\frac{66}{35}$$ ：（最大公因數為18）

為例，說明另一種最簡分數求法，或者說是「**求算最大公因數時最有效率的方法**」吧。

首先，假設{1188, 630}這兩個數的最大公因數是D。也就是說，$D=18$，不過我們先把D的數值放在一邊，假裝不知道這件事。

用給定的兩個數中比較大的那個數，除以比較小的那個數，如下。

$$1188=1\times 630+558.$$

商為1，餘數為558。

接著將這個式子改寫成「餘數558等於其他數字的計算結果」的樣子，如下。

$$558=1188-1\times 630.$$

這個式子中，因為等號右邊的1188、630可以被它們的最大公因數D整除，所以等號左邊的558也可以被D整除。也就是說，我們知道式子可以變形成558＝18×(66－1×35)這個樣子，但現在先假裝不知道。

原本D就是630的因數，所以D也會是{630, 558}這兩個數的公因數。

接著，假設「除數630」和「餘數558」的最大公因數是d。現在我們已知D是這兩個數的「公因數」，而d則是公因數中「最大」的一個。也就是說，公因數的集合中，最大值是d。D則會和公因數集合中的某個數相等。

還記得**「所有公因數都是最大公因數的因數」**這個繞口令般的事實嗎？分辨清楚「因數」、「公因數」、「最大公因數」這三個用詞，是解這個問題時的重點。

由以上關係，可以寫出以下不等式。

$$\boxed{d \geqq D}$$

上式中的不等號「＞」下方還有一個等號「＝」，表示d和D實際上可能「大小相同」。這個式子可以理解成「d大於D，或等於D」。

再回來看看一開始的式子：

$$1188 = 1 \times 630 + 558$$

由式子可以看出，等號右邊兩個數{630, 558}的最大公因數d，一定也會是等號左邊1188的因數。

也就是說，d是{1188, 630}的公因數。既然如此，由同樣的原因可以知道，d和{1188, 630}的最大公因數D之間的關係

$$\boxed{D \geqq d}$$

成立。

很有趣不是嗎。一種推論結果是「d大於D，或等於D」，另一種推論結果卻是「D大於d，或等於d」。這樣不是矛盾了嗎？

630
1188
D
d≧D
???
???
D≧d
558
630
d

事實上，這兩個數沒有誰比誰大的問題。兩個不等式中都有「或等於」，所以兩個不等式中的「**等於**」才是正確答案。

也就是說，若要讓兩個不等式同時成立，就必須滿足

$$\boxed{D=d}$$

這個條件才行，這樣就不會產生矛盾了。

以上，我們明白到兩個數對{1188, 630}和{630, 558}的最大公因數相同。這就是我們前面一直假裝不知道的事：兩者皆可被D（＝18）整除。也就是說，{1188＝66×18, 630＝35×18}，而{630＝35×18, 558＝31×18}。

最強的「演算法」登場

前節介紹的方法可以反覆使用。

也就是說，知道**「被除數與除數的最大公因數，等於除數與餘數的最大公因數」**後，我們可以再將除數與餘數分別視為被除數與除數，再做一次除法。

每經過一次計算，餘數就一定會變得比前一次小。在算到餘數變為0時，那一次除法的除數，就是這兩個數的最大公因數，計算也到此結束。

試著計算看看吧。計算時，除數和餘數會依序改變它們的角色，移動數字位置是件很好玩的事。

$$1188 = 1 \times 630 + 558,$$
$$630 = 1 \times 558 + 72,$$
$$558 = 7 \times 72 + 54,$$
$$72 = 1 \times 54 + 18,$$
$$54 = 3 \times \mathbf{18},$$

你覺得如何呢？移動數字很好玩吧。

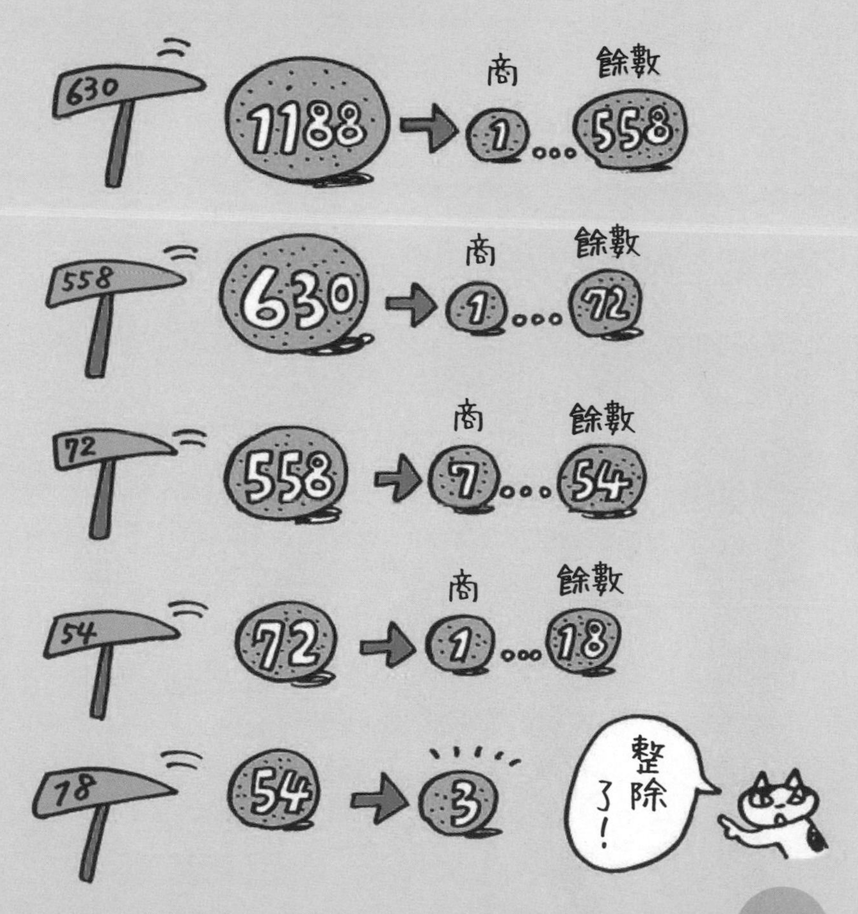

餘數依序為558、72、54、18，確實愈來愈小。最後的餘數為0，此時的除數為18，所以18就是這兩個數的最大公因數。這個推論過程可以整理如下

{1188, 630}與{630, 558}的最大公因數相等,
{630, 558}與{558, 72}的最大公因數相等,
{558, 72}與{72, 54}的最大公因數相等,
{72, 54}與{54, 18}的最大公因數相等,
{54, 18}的最大公因數為**18**.

因此{1188, 630}的最大公因數為18.

這種方法叫做「**輾轉相除法**」，從兩千三百多年以前就為人們所知，是求算最大公因數時，相當方便的一種方法。

我們會將確實能算出結果的計算方式稱做「**演算法**」。在電腦的世界中，這是一個很常使用的詞。而輾轉相除法就是世界上第一個出現，而且現在還在用的演算法。

回到一開始的例題，牛刀小試一下吧。請各位試著挑戰看看。感覺很難被質因數分解的這組分子與分母{22249763, 18369181}，試著用輾轉相除法來找出它們的最大公因數。

「輾轉相除法」
它是最強的演算法。
Since BC300

$$
\begin{aligned}
22249763 &= 1\times 18369181+3880582,\\
18369181 &= 4\times 3880582+2846853,\\
3880582 &= 1\times 2846853+1033729,\\
2846853 &= 2\times 1033729+779395,\\
1033729 &= 1\times 779395+254334,\\
779395 &= 3\times 254334+16393,\\
254334 &= 15\times 16393+8439,\\
16393 &= 1\times 8439+7954,\\
8439 &= 1\times 7954+485,\\
7954 &= 16\times 485+194,\\
485 &= 2\times 194+97,\\
194 &= 2\times \mathbf{97}.
\end{aligned}
$$

算出答案了。最大公因數是97。因此這個分數可以化簡為

$$\frac{22249763}{18369181}=\frac{229379\times 97}{189373\times 97}\text{，故 }\frac{229379}{189373}$$

這就是最簡分數。

事實上，這個分數的分子與分母確實「互質」，將分子與分母分解成質數相乘，可以得到

$$\frac{22249763}{18369181}=\frac{23\times 9973\times 97}{19\times 9967\times 97}$$

這就是質因數分解的結果。

就算不將這兩個數質因數分解，也可以用輾轉相除法輕鬆算出最大公因數，是不是很爽快呢？如果想要質因數分解一個很大的數，必須用電腦計算很長一段時間才能得到結果。但如果是要求兩個數的最大公因數，只要花各位一點點時間計算，就能得到結果了，很驚人吧。

找到囉！
輾轉相除法
可以確實找出
最大公因數。
雖然
確實找得到，
但好累啊。
多加油吧。

13 重要的分數、方便的小數

以下將用「1/10」為例，討論一個數的大小。還會提到分數中的「禁忌」──「不定數」。

以分數表示和以小數表示

一個有兩層的分數的「生成」過程十分明確。

舉例來說，同樣是「1」，將兩個蛋糕分給兩個人時，每個人可以拿到一個蛋糕；將四個蛋糕分給四個人時，每個人也一樣可以拿到一個蛋糕。兩種情況下，每個人都是拿到一個蛋糕，不過蛋糕總數不一樣。

$$\frac{2}{2}=1 \quad \longleftarrow \frac{\text{個數}}{\text{人數}} \longrightarrow \quad \frac{4}{4}=1.$$

這代表寫成分數時，可以明確表示出問題所設定的條件，這是分數的一大優點。

不過，將這兩個數約分後，就會變成同一個數，進而失去了分數的優點。因此，現實中使用分數時，可能會故意不把它約分成最簡分數，以強調這個數的意義。

舉例來說，假設有一個很有人氣的電視節目，全日本有一成的人知道這個節目。我們不使用1/10來表示，而是寫成

$$\frac{13000000}{130000000} \quad \begin{array}{l}\longleftarrow \text{知道這個節目的人} \\ \longleftarrow \text{日本總人口}\end{array}$$

列出日本總人口與實際知道這個節目的人數。透過具體的內容就能感受到一定的魄力吧。

每四個人有一個人擁有遊戲機……

每一百個人有二十五個人擁有遊戲機……

約分後都是 $\frac{1}{4}$。

要注意的是，這個概念在「反過來看」時並不成立。舉例來說，就算廣告上寫著「問卷調查結果顯示，有1/4的日本人支持」，我們也不曉得這結果是表示

$$\frac{32500000}{130000000} \begin{matrix} \longleftarrow \text{支持人數} \\ \longleftarrow \text{日本總人口} \end{matrix}$$

或者只是選出八個朋友做為「日本人的代表」，然後統計出的結果：

$$\frac{2}{8} \begin{matrix} \longleftarrow \text{支持的朋友} \\ \longleftarrow \text{朋友總數} \end{matrix}$$

由於兩個都是1/4，所以分不出差別。許多人會因為誤解這個數字的意義，而被廣告所騙，請各位多加注意。

所以說，能夠彈性處理現實中的各種問題，是分數的一大優點，卻也有著不容易掌握數字大小的缺點。比方說，你覺得3/4和7/9哪個比較大呢？

這時候我們可以改用介於0與1之間的數——「**小數**」來表示這個分數大小。首先，試著用小數表示「將1十等分的數」——1/10，可寫成

$$\frac{1}{10}：\textbf{分數表記} \longleftrightarrow 0.1：\textbf{小數表記}$$

0與1之間的「.」叫做「**小數點**」，0.1讀做「零點一」，英語中則讀做「zero point one」。

每除以一個10，小數點右側就會多一個0，如下所示。

$$\frac{1}{10}=0.1,\ \frac{1}{100}=0.01,\ \frac{1}{1000}=0.001,\ \frac{1}{10000}=0.0001,...$$

難以判斷哪邊比較大。

但用「小數表記」的話……

就能清楚看出誰比較大。

乘以10時，小數點以下會少一個0；除以10時，小數點以下會多一個0。我們可以用不等號寫成以下不等式

$$\xrightarrow{\text{乘以10 — 乘以10 — 乘以10 — 乘以10}}$$
$$\cdots < 0.0001 < 0.001 < 0.01 < 0.1 < 1 < 10 < \cdots$$
$$\xleftarrow{\text{除以10 —— 除以10 —— 除以10}}$$

接著我們來看看分子比10還大時的情況。以11/10為例，因為10＜11＜20，故以下關係成立。

$$\frac{10}{10} = 1 < \frac{11}{10} < \frac{20}{10} = 2 \longrightarrow 1 < \frac{11}{10} < 2$$

這個數的分子可改寫為11＝10×1+1，可得

$$\frac{11}{10} = \frac{10 \times 1 + 1}{10} = \frac{10 \times 1}{10} + \frac{1}{10} = 1 + \frac{1}{10} \longleftrightarrow 1 + 0.1 = 1.1$$

因為11/10是比1大，比2小的數，所以小數點左側的數值應為「1」。

接著來看繁分數的例子，試考慮以下數列：

$$\frac{1}{\frac{1}{10}}, \frac{1}{\frac{1}{10^2}}, \frac{1}{\frac{1}{10^3}}, \frac{1}{\frac{1}{10^4}}, \frac{1}{\frac{1}{10^5}}, \frac{1}{\frac{1}{10^6}}, \frac{1}{\frac{1}{10^7}}, \cdots$$

這個數列中，分母愈來愈小。不過在適當約分、整理後，可以得到以下數列：

$$10, \ 10^2, \ 10^3, \ 10^4, \ 10^5, \ 10^6, \ 10^7, \ldots$$

每個數都是前一個數的十倍。也就是說，當分母愈來愈小、愈來愈接近0時，整體分數會愈來愈大。

1 < < 2

哪些數比1大，比2小呢？

① $\frac{11}{10}$份章魚燒

② $\frac{12}{10}$盒雞蛋

③ 旋轉$\frac{15}{10}$圈的花式滑冰選手。

④ $\frac{17}{10}$碗拉麵

那麼，當分母等於0時，會發生什麼事呢。分數可以說是除法的變形，而除法又是乘法的逆計算，所以在想這個問題時，我們必須思考含有0的乘法有什麼性質。

「數字0」有個性質，那就是不管乘上哪個數，答案都會是0。譬如說

$$1\times0=0,\quad 2\times0=0,\quad 3\times0=0,\quad 4\times0=0,\ldots$$

反過來看，不管是哪個數，只要乘上0，答案都會是0。譬如以下的例子。

$$0\times1=0,\quad 0\times2=0,\quad 0\times3=0,\quad 0\times4=0,\ldots$$

讓我們利用以上性質來想想看，有0的除法會發生什麼事吧。回想一下將除法改寫為乘法的方法。

（被除數）÷（除數）＝（除法結果）

→（除法結果）×（除數）＝（被除數）.

假設我們以0代入這個式子的「除數」，那麼形式上會變成

（除法結果）×0＝（被除數）

這就像是在主張1×0＝2之類的算式會成立一樣，和前面提到的0的乘法性質矛盾。

不管是哪個數，乘上0之後都會等於0，不會等於0以外的數字。

因此，這樣的計算沒有意義，又稱做「**不能**」。這樣的矛盾源自於除數為0，換言之，當除數為0時，就會產生這樣的矛盾。

數學有各種
表記方式。
10
1010
A
數學的實體
1
2
0.5

另外，當「除數」和「被除數」都等於0時，會得到以下結果

（除法結果）×0＝0

從乘法的角度來看，並沒有出現矛盾。

不過，不管是哪個數，在乘上0之後都會等於0。這表示上式的被乘數不會是一個固定的數，這種性質稱做「**不定**」。簡單來說。0÷0或分數0/0不是一個固定的數值，處理上會相當困難。

不能、不定等性質都沒辦法相容於之前學過的各種計算規則。因此，我們規定**0不能當除數**。也就是說，0不能當「一樓的居民」。要是不小心在考試時寫出除數為0的式子，就會「因為違反規則而被判輸」，請特別注意。

另一方面，不管分母有多小，只要不是0，就不會產生任何矛盾，只會讓這個分數變得很大而已。

以上就是「0不能當做除數的理由」。

數與數的表記方式

這裡有個要特別注意的問題，那就是「數」本身要如何表記的問題。我們常用的表記方式是「**十進位表記**」。

不過，電腦內部使用的是「**二進位表記**」，程式碼則常使用「**十六進位表記**」。它們的關係如下。

二進位：	1	10	11	100	101	110	111	1000	1001	1010	1011	1100	1101	1110	1111
十進位：	1	2	3	4	5	6	7	8	9	10	11	12	13	14	15
十六進位：	1	2	3	4	5	6	7	8	9	A	B	C	D	E	F

一般來說，電腦的程式碼以十六進位的數字寫成，再以二進位的方式演算，最後轉換成十進位的數字，方便我們看懂。數字相同的數，卻存在著各式各樣的表記方式。

分數與小數之間的關係也一樣，兩者會用不同方式來表現同一個數值。因此，所有的分數都可以寫成小數，反之亦然。

以上介紹了方便我們掌握大小的數字表現方式──「小數」。如前所述，**分數和小數是「數」的不同表現方式。如果只學過其中一種，對數的理解便不夠全面。請在這兩種數之間盡情徜徉，好好掌握對數字的感覺。**

14 從分數到小數

前面我們學到了分數及小數等數字的不同表記方式。

分數的結構方便我們知道這個數是怎麼來的；小數則方便我們比較各數的大小。

熟悉這兩種表記方式，學會如何在這兩種表記方式之間轉換，並了解它們的意義，就是我們接下來的目標。

使用計算機！

要知道一個以分數表記的數字有多大，最簡單的方法就是實際除除看，改用小數表記這個數。

我們可以選擇手算，也可以使用計算機。為求「方便」，這裡就用計算機來算吧。假設我們使用的是一般家庭常用的「**八位數計算機**」，以下就來看看怎麼操作計算機吧。

為了方便說明，假設分數的分子都是1，分母則是1到10的自然數，也就是自然數的倒數（單位分數）。

那麼就用計算機實際算算看吧。

$\frac{1}{1}=1,\ \frac{1}{2}=0.5,\ \frac{1}{3}=0.3333333,\ \frac{1}{4}=0.25,\ \frac{1}{5}=0.2,$

$\frac{1}{6}=0.1666666,\ \frac{1}{7}=0.1428571,\ \frac{1}{8}=0.125,\ \frac{1}{9}=0.1111111.$

這裡先讓我們再次確認「數字的讀法」。

小數點以下的數字，要一位一位依序個別讀出。譬如說0.25就要讀成「零，點，二，五」，而不能讀成「零，點，二十五」，請特別注意。

計算機登場

雖然計算機的使用方式似乎沒必要再特別說明，不過還是舉個例子來看看吧。假設我們按下印有數字 1 的鍵，再按下除號鍵 ÷ 、數字 4 ，最後再按下等號鍵 = ，就可以得到以下答案。

1 ÷ 4 = → 0.25

各位手上的計算機是否也算出上圖的答案了呢？和手算相比，計算機算得更正確、也更方便對吧。之後的說明中，我們會省略1/1的計算。

這些計算結果中，我們首先注意到的地方是表記位數的差異。計算結果可以依表記位數分成以下兩組。

A：$\frac{1}{2}=0.5$, $\frac{1}{4}=0.25$, $\frac{1}{5}=0.2$, $\frac{1}{8}=0.125$, $\frac{1}{10}=0.1$

A組

1÷2=0.5
1÷4=0.25
1÷5=0.2
1÷8=0.125
1÷10=0.1

B：$\frac{1}{3} = 0.3333333$，$\frac{1}{6} = 0.1666666$，$\frac{1}{7} = 0.1428571$，$\frac{1}{9} = 0.1111111$

「A組」答案的小數位數小於八位，所以計算機可以顯示所有位數。

前面我們計算5÷2、4÷2之類的整數除法時，會寫成「5÷2＝2餘1」、「4÷2＝2」。我們會將後者這種「餘數為0」的情況稱做「整除」。不過從本章起，只要答案可以用有限位數來表示，就會稱這個除法計算為「整除」。

也就是說，因為「A組」的答案可以用有限位數表示，所以屬於「整除」的組別。另一方面，八位數的計算機就算使用所有位數，也沒辦法完整顯示「B組」除法的答案。

B組

1÷3＝0.3333333

1÷6＝0.1666666

1÷7＝0.1428571

1÷9＝0.1111111

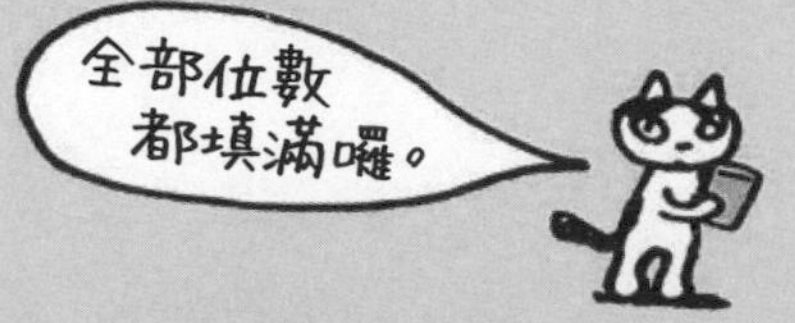

計算機的誤差

依照計算機上的計算結果有幾位數，就可以將除法分成兩組。不過，就算我們沒有特別去數計算機顯示了幾位數，還是可以用簡單的方法分辨出該除法屬於哪一組。

在計算機算完除法之後，馬上將答案乘以剛才的「除數」，也就是進行逆運算，這樣答案應該會是1才對。譬如說，將分數「1/2」乘以2，會得到1。

實際用計算機確認一下這個聽起來很理所當然的結論吧。

請照著以下順序按計算機。我會寫出按鍵的順序，請各位一定要試著自己操作。

☆「A組」的算式

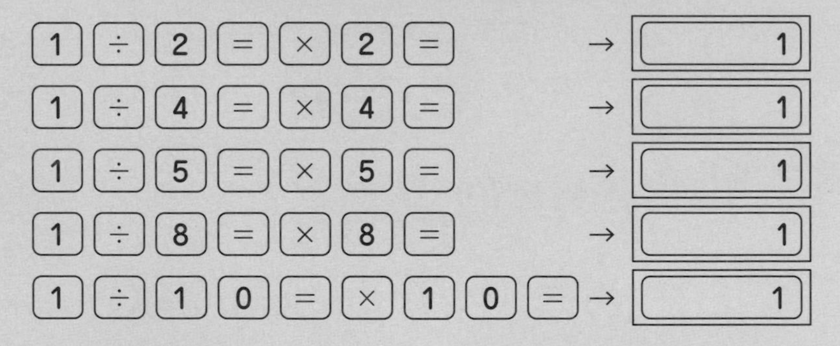

確實，測試「A組」的算式時，計算機的答案會和推論一樣，得到「1」的答案。到這裡還沒有任何問題。

不過，當我們測試「B組」的算式時，卻出現了奇怪的結果。

A組

除完之後馬上乘回同一個數，可以得到「1」。

☆「B組」的算式

第一列的算式應該要計算出「1」才對，結果卻是

0.9999999

不僅如此，其他列的算式也都算不出1。

我們可以藉由這個特徵區分這兩組數。用計算機計算上述算式後，答案為「1」、與理論相符的數就是「A組」的數，答案不是「1」的數就是「B組」的數。

為什麼會這樣呢？是因為計算機壞了嗎？還是因為這是便宜的「八位數計算機呢」？

事實上，就算是用高精密度的電腦也會得出這樣的結果。這是「計算誤差」的問題。這時候，「**正確值**」明明是1，計算機卻會算出

0.9999996　0.9999997　0.9999999

之類的數。1和這些數的差異，就是計算的「**誤差**」。誤差可能會比正確值大，也可能會比正確值小。故我們會用「誤差大小」來表示和正確值之間的差異程度，「誤差大小」必為正數。

現在均一價商店都可以買得到計算機，好好使用就會是有趣又有用的工具。就算要求計算機計算多位數的加減乘除，它也不會有任何怨言，而是確實幫我們計算出答案，這是機械的優點。

機械不足的部分，就必須以人力彌補。相對的，要是使用計算機的人能力不足，完全相信計算機算出來的結果的話，就會出現很大的失敗。

機械不會計算錯誤；但也正因為它是機械，所以特別不擅長某些部分。使用機械的是人類。人類會計算錯誤，但也正因為我們是人類，所以某些部分只能由我們來做。彼此合作互補，才是人類與機器的正確相處之道。**過度依賴機械的人是笨蛋，恐懼機械、對機械敬而遠之的人也是笨蛋。**

接下來，就來談談計算機的使用方法與其性質吧。

計算機裡面
有很多小小人
在認真努力地
用算盤幫我們
算出答案耶。

15 計算機的特徵

實際計算數字大小時，計算機是非常方便的工具。

不過，就像鋸子不能用來轉螺絲、鐵鎚不能用來鋸木頭一樣，要是沒有正確使用計算機，會有很大的機會算出奇怪的結果，而沒辦法發揮其真正效用。為了能正確使用計算機，最好先了解一下計算機如何處理數字。

計算機的最大數、最小數

如同我們之前提到的，自然數中並不存在「最大的自然數」。自然數要多大就有多大，不過「最小的自然數是1」。

另一方面，分數中也不存在「最小的分數」。分數要多小就有多小。

0.0000001

不過，計算機卻沒辦法呈現出如此「廣大的世界」。因為顯示的位數有限，所以能顯示的數字大小有其極限。如果是「八位數計算機」的話，最大數和最小數分別如下所示。

最大數： 99999999　　**最小數：** 0.0000001

前一章中我們計算1/3的小數時，誤差就是這個計算機可顯示的最小數。原本應該要是1的計算結果，在以下的計算過程中，卻得到了小於1的數值。

$$0.3333333 \times 3 = 0.9999999 < 1$$

故可得知，1/3的正確值比計算機顯示的值還要小。

99999999

如果這裡讓0.3333333加上計算機可顯示的最小數字0.0000001，再將得到的答案乘以三倍，可得到以下結果。

$$(0.3333333+0.0000001)\times 3=1.0000002>1.$$

這次得到的結果卻變得比1還要大。「誤差大小」為(1.0000002－1)＝0.0000002，也比之前的誤差大小還要大。

看來真的不可能變回原本的數「1」了。不過由以上結果，可以得到一個非常重要的結論。那就是，雖然不曉得1/3的正確值是多少，但由計算機的上下夾擊，我們可以說1/3的正確值必定在這個不等式：

$$\begin{array}{ccccc} \mathbf{0.3333333} & < & \frac{1}{3} & < & \mathbf{0.3333334} \\ \times & & \times & & \times \\ 3 & & 3 & & 3 \\ \parallel & & \parallel & & \parallel \\ 0.9999999 & < & 1 & < & 1.0000002 \end{array}$$

所表示的範圍內，這點是毫無疑問的。

對於「B組」中的其他數，我們也可以為其加上最小數0.0000001，用夾擊的方式得到以下結果。

$$\begin{array}{ccccc} \mathbf{0.1666666} & < & \frac{1}{6} & < & \mathbf{0.1666667} \\ \times & & \times & & \times \\ 6 & & 6 & & 6 \\ \parallel & & \parallel & & \parallel \\ 0.9999996 & < & 1 & < & 1.0000002 \end{array}$$

出發尋找
「正確值」吧。

NEW!
正確值漢堡
套餐
請給我
那個正確值
漢堡套餐。
好的。

讓您久等了！
確實是有夾著
正確值啦……。
0.3333334
$\frac{1}{3}$的正確值
0.3333333
$\frac{1}{3}$

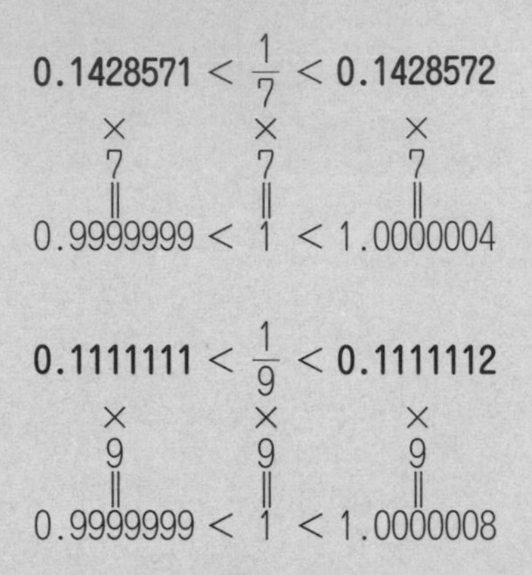

請各位一定要實際用計算機算算看。

無條件捨去、無條件進入、四捨五入

由以上結果，還可以發現一個計算機的秘密。

請觀察各個算式產生的誤差。分母不同時，誤差大小也不一樣。為什麼會這樣呢？

一般來說，在處理數值時，若無視某一位以後的所有數字，就叫做「**無條件捨去**」；相對的，如果將某一位非0的數字直接進位，就稱做「**無條件進入**」。

以下是無條件捨去與無條件進入的例子。

0.12345678**9**→最後一位「無條件捨去」得到：0.12345678**8**,
0.12345678**9**→最後一位「無條件進入」得到：0.1234567**9**.

當我們處理的位數不同時，會得到不一樣的數字。假設處理的是小數點以下第五位的數字，希望處理結果有四位小數的話，則結果如下所示。

0.123456789→第五位「無條件捨去」得到：0.123**4**,
0.123456789→第五位「無條件進入」得到：0.123**5**.

另外還有一種處理方法叫做「**四捨五入**」；顧名思義，當處理的數字大於等於5時就「進位」，小於等於4時就「捨去」。

若以四捨五入處理這個數，結果如下。

0.12345678[9]→處理第九位「四捨五入」得到：0.12345679,
0.1234567[8]9→處理第八位「四捨五入」得到：0.1234568,
0.123456[7]89→處理第七位「四捨五入」得到：0.123457,
0.12345[6]789→處理第六位「四捨五入」得到：0.12346,
0.1234[5]6789→處理第五位「四捨五入」得到：0.1235,
0.123[4]56789→處理第四位「四捨五入」得到：0.123,
0.12[3]456789→處理第三位「四捨五入」得到：0.12,
0.1[2]3456789→處理第二位「四捨五入」得到：0.1.

事實上，計算機在內部計算時所用的位數，比可顯示位數還要多位。計算出結果之後，再將數字位數處理成本身可以顯示的最高位數。那麼這時候，計算機用的是「無條件捨去」、「無條件進入」，還是「四捨五入」呢？

只要知道1/3及1/6化為小數時的第九位數是多少，就知道計算機是用什麼方法處理多出來的位數了。請各位在繼續閱讀下去之前，也想想這個問題。

16 關鍵的 2 × 5

前面的討論中，我們將分子為1，分母為自然數2到10的分數分成了「A」、「B」兩組，並研究其性質。

我們還用計算機進行了「不證自明」的計算，也就是「不管是誰都一定會認同，十分理所當然的計算結果」，但在測試「B組」的算式中，卻發現了神奇現象。

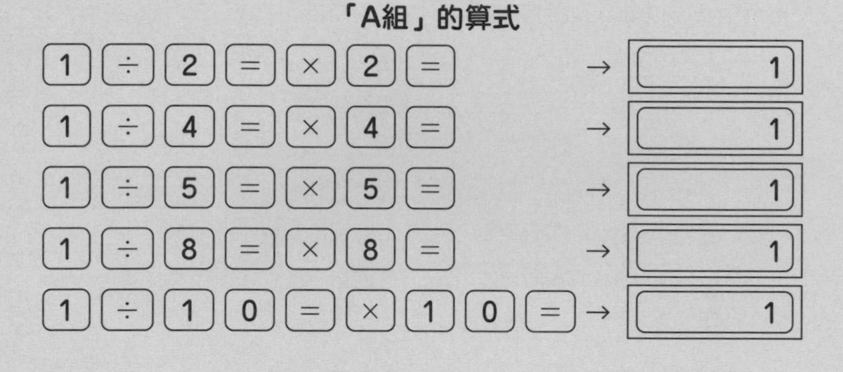

「B組」的算式

1 ÷ 3 = × 3 = → 0.9999999

1 ÷ 6 = × 6 = → 0.9999996

1 ÷ 7 = × 7 = → 0.9999997

1 ÷ 9 = × 9 = → 0.9999999

由這樣的結果可以知道，計算機無法正確、無誤差地顯示「B組」的數。

本章將進一步討論這個問題。

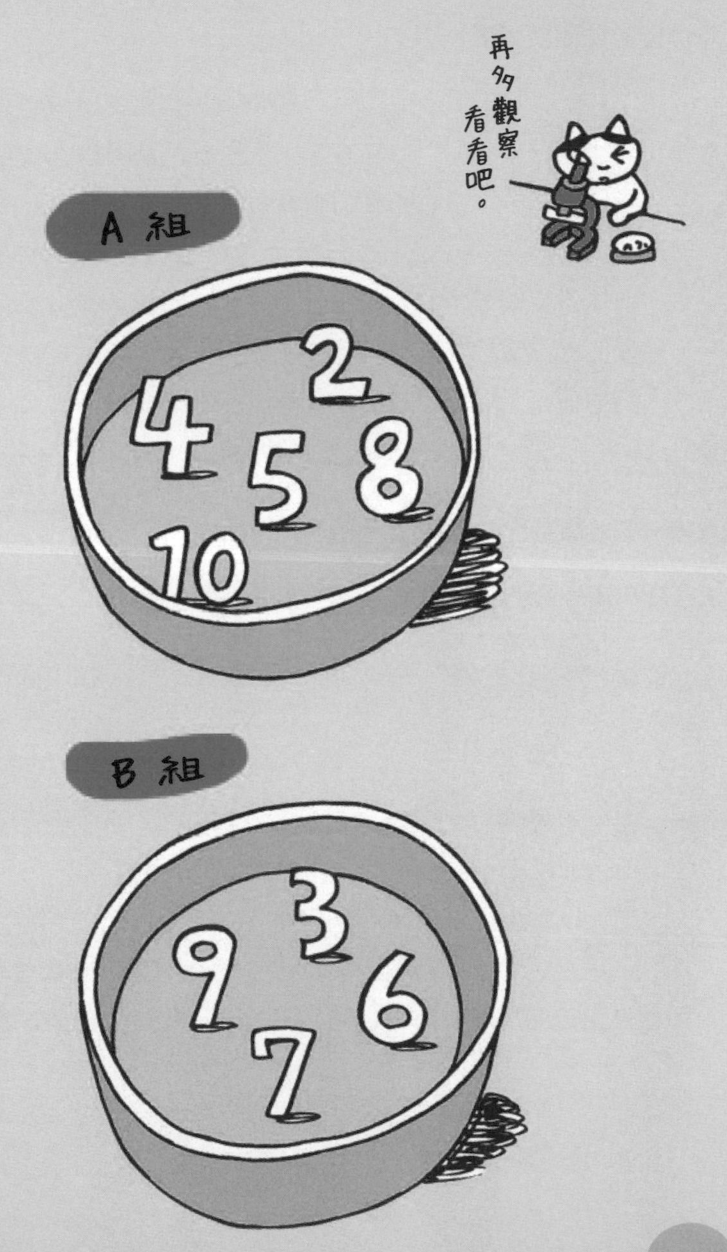
再多多觀察看看吧。
A 組
2
4
5
8
10
B 組
3
9
6
7

分母的質因數分解

「A」、「B」這兩組數，分別有哪些特徵呢？要研究數的特徵時，有一種強而有力的方法，那就是「質因數分解」。

這個問題中，分母的質因數分解就是解謎的關鍵。

請參考質數表，將這些自然數逐一進行質因數分解，並將分解後的結果放回問題中分數的分母。

2到10的質因數分解結果如下

$$2,\ 3,\ 4=2^2,\ 5,\ 6=2\cdot3,\ 7,\ 8=2^3,\ 9=3^2,\ 10=2\cdot5$$

將這些結果放至分母後改寫如下：

A：$\frac{1}{2}=0.5,\ \frac{1}{2^2}=0.25,\ \frac{1}{5}=0.2,\ \frac{1}{2^3}=0.125,\ \frac{1}{2\cdot5}=0.1,$

B：$\frac{1}{3}=0.3333333,\ \frac{1}{2\cdot3}=0.1666666,\ \frac{1}{7}=0.1428571,$

$\frac{1}{3^2}=0.1111111.$

由以上結果可以看出，小數形式較簡潔的「A組」分數中，所有分母都有「2」或「5」的因數。

之所以會這樣，是因為這裡使用的進位方式——或者說，我們平時生活中主要會用到的進位方式——**是「十進位」，以10做為進位的基準。而「10＝2·5」，所以才會和2與5有關。**

A組 將分母質因數分解之後……

多看幾個實例

再多看看幾個實例吧。

若是將分母的範圍擴大到100時會有什麼結果，對照100以內的質因數分解表來確認吧。

*	**2**	**3**	2^2	**5**	$2\cdot3$	**7**	2^3	3^2	$2\cdot5$
11	$2^2\cdot3$	**13**	$2\cdot7$	$3\cdot5$	2^4	**17**	$2\cdot3^2$	**19**	$2^2\cdot5$
$3\cdot7$	$2\cdot11$	**23**	$2^3\cdot3$	5^2	$2\cdot13$	3^3	$2^2\cdot7$	**29**	$2\cdot3\cdot5$
31	2^5	$3\cdot11$	$2\cdot17$	$5\cdot7$	$2^2\cdot3^2$	**37**	$2\cdot19$	$3\cdot13$	$2^3\cdot5$
41	$2\cdot3\cdot7$	**43**	$2^2\cdot11$	$3^2\cdot5$	$2\cdot23$	**47**	$2^4\cdot3$	7^2	$2\cdot5^2$
$3\cdot17$	$2^2\cdot13$	**53**	$2\cdot3^3$	$5\cdot11$	$2^3\cdot7$	$3\cdot19$	$2\cdot29$	**59**	$2^2\cdot3\cdot5$
61	$2\cdot31$	$3^2\cdot7$	2^6	$5\cdot13$	$2\cdot3\cdot11$	**67**	$2^2\cdot17$	$3\cdot23$	$2\cdot5\cdot7$
71	$2^3\cdot3^2$	**73**	$2\cdot37$	$3\cdot5^2$	$2^2\cdot19$	$7\cdot11$	$2\cdot3\cdot13$	**79**	$2^4\cdot5$
3^4	$2\cdot41$	**83**	$2^2\cdot3\cdot7$	$5\cdot17$	$2\cdot43$	$3\cdot29$	$2^3\cdot11$	**89**	$2\cdot3^2\cdot5$
$7\cdot13$	$2^2\cdot23$	$3\cdot31$	$2\cdot47$	$5\cdot19$	$2^5\cdot3$	**97**	$2\cdot7^2$	$3^2\cdot11$	$2^2\cdot5^2$

這裡讓我們從另一個角度來思考。先找出哪些分數的分母的因數包含了2或5，再將這些數用計算機轉換成小數。

首先，由質因數分解的結果中找到下列十四個符合條件的數。

$2,\ 4=2^2,\ 5,\ 8=2^3,\ 10=2\cdot5,\ 16=2^4,\ 20=2^2\cdot5,\ 25=5^2,$
$32=2^5,\ 40=2^3\cdot5,\ 50=2\cdot5^2,\ 64=2^6,\ 80=2^4\cdot5,\ 100=2^2\cdot5^2.$

接著，將這些數用計算機轉換成小數的形式。

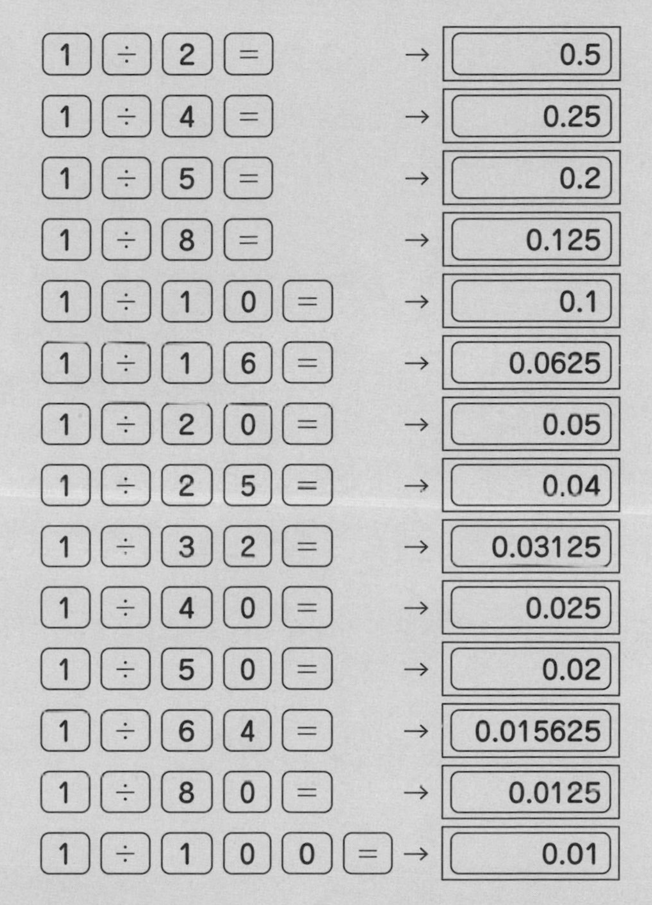

確實這些數轉換成小數時，皆為有限位數，一般計算機便可列出所有位數，即前面提到的「整除」。如我們所料。

另一方面，因數中不包含2或5的「B組」數，在寫成小數時確實會「寫不完」。但是，我們也不能單憑計算機計算的計算結果，就斷言「沒錯，就是這樣」。

舉例來說，1/256的分母可以質因數分解為$256=2^8$，且只有2一個質因數，所以應該可以「整除」才對。但實際使用計算機計算後發現

1 ÷ 2 5 6 = × 2 5 6 =

→ 0.9999872

答案卻不是「1」。如果沒有數字相關的基本知識，可能就會把256分類到「B組」了。

不過，由質因數分解的結果可以知道，這個數明顯應該是「A組」的數才對。會出現這樣的錯誤，是因為計算機的「位數太少」。如果你手邊有十位數或十二位數計算機的話，請試著算算看。用這些計算機計算的話，應該可以算出正確值的「1」才對。

不過，這樣好像有點不方便耶，居然那麼容易出現誤差。

為什麼會碰上這種讓人不禁驚呼「糟糕，和之前提出的理論矛盾了」的情況呢？簡單來說，就是因為「工具皆各有所長」。

若是想了解數的性質、解開數字中的秘密時，計算機就幫不上忙。另一方面，有時候我們會想要計算出具體的數字，並用更簡單的形式表示，所以完全不用計算機也不是個好辦法。

因此，**了解計算機的優點與能力所及的極限，才是計算機最好的應用方式。**

看來在處理「B組」數字之前，還要多學習一些與數字有關的理論才行。光靠計算機的幫助，仍無法看穿這些數字的本質。因此，也再次感受到了手算的必要性。

下一章就來挑戰計算機無法處理的「B組」數字的謎題。

17 計算機的無力和手算的威力

假設你住在高速公路收費站旁邊的房子內，窗外可以看到高速公路上的車流。現在路上充滿許多車子，看來似乎有大塞車的情形。這時的你會不會想問，這個塞車會延續到多遠呢？

以連接東京與名古屋的東名高速的東京收費站為例。塞車的車陣乍看之下很壯觀，但可能只有收費站附近有塞車狀況；也有可能是從東京一路塞到名古屋；或者是連名神高速也堵塞，一路塞到大阪、神戶。

如果只從房間的窗戶往外看，可能會得到不正確的結論。

計算機的顯示螢幕也和「房間的窗戶」一樣。若用來觀察小數的數字排列，計算機的螢幕明顯有能力不足的問題。不管是八位數、十位數或十二位數，都可能無法表現出小數的所有數字。如果計算機的位數不夠顯示所有數字的話，我們就不曉得真正的數值會是多少。

螢幕大小固定的計算機能顯示的位數有限。但我們人類的頭腦很優秀，甚至可以將「無限」的概念摺疊起來放入口袋！

接著，就讓我們來介紹將無限多個數字序列「正確摺疊起來的方法」吧。這是專屬於「B組」的數字計算。

手算除法

「B組」的數的計算結果，會將八位數計算機可顯示的位數全部用完，譬如以下的數。

從小小的窗戶看世界
是這樣……
……實際上
可能是這樣。
今天是中元節
返鄉的高峰期……

B：$\frac{1}{3}=0.3333333$,　$\frac{1}{6}=0.1666666$,　$\frac{1}{7}=0.1428571$,

$\frac{1}{9}=0.1111111$.

由以下的計算機操作可以得到前述結果。

[1] [÷] [3] [=] → [0.3333333]

[1] [÷] [6] [=] → [0.1666666]

[1] [÷] [7] [=] → [0.1428571]

[1] [÷] [9] [=] → [0.1111111]

用計算機計算時，很難掌握數字的實體。我們必須手腦並用地和數字拼搏，才能真正了解一個數。首先來看看1/3。1/3是1÷3。請準備好你的紙和鉛筆開始計算，不要被「八位數」限制住了。

於是，筆記本上會出現一長串的「3」。

不管算了多少位，都在重複相同的計算。每算到下一位時，就要思考3乘以多少會等於10。因為3×3＝9，於是寫上3。兩者相差1，補0後又是下一個10——持續著這個循環。

也就是說，除以「3」的結果永遠會餘「1」。就算不繼續算下去，也知道「以下皆同」。這表示這個分數化為小數時，小數點以下會有無限多個「3」。

擁有這種性質的小數，稱做「**無限循環小數**」，或者簡稱為「**循環小數**」。而位數有限的小數，則稱做「**有限小數**」。譬如「A組」中的1/4＝0.25就屬於有限小數。

循環小數可以無限延續下去，書寫時則會在最後加上符號「…」來表示其無限循環的性質。

$$\frac{1}{3}=0.33333333333333333333333333333333333333333\cdots.$$

因為這個數字會「無限」循環下去，所以不管寫了多少個「3」，都不足以代表這個數。因此平時會用更簡單的方式表示「後面是這些數字持續循環」，那就是在循環數字的上方加上「黑點」：

$$\frac{1}{3} = 0.\dot{3}$$

這樣的表示方式能使算式更為簡潔。

如果是反覆出現123456789這個數字序列的循環小數：

0.123456789123456789123456789123456789123456789…

則會在循環開始和循環結束的數字上方分別加上黑點，如下。

$$0.\dot{1}2345678\dot{9}.$$

而123456789這個數字的循環單位就稱做「**循環節**」，循環節的數字個數則稱做「**循環節長度**」。

這個例子中，循環節長度為9。若要顯示出數值的精密度，就一定會用到這種表示方式，請趁現在把它記熟。

以上，我們了解到1÷3寫成小數時，0的後面有無限多個3，是一個循環小數。不過計算機的顯示螢幕很小，只能顯示

[1] [÷] [3] [=] → [0.3333333]

這八個位數，光看這些位數，仍不曉得後面的數是多少。不過，**現在的各位已經可以突破這個狹小的世界，看到1/3的「真正樣貌」，掌握這個無限延伸之數字的本質了。**

求「餘數」

到這裡，想必各位應該已經掌握到某些計算機所掌握不了的數字本質了。如何？明白到手算「除法」的重要性了嗎？

再來複習一遍「除法」中，「商」和「餘數」的關係吧。

首先，假設除數是3，可以得到以下算式。

3÷3＝1　餘0,
4÷3＝1　餘1,
5÷3＝1　餘2,
6÷3＝2　餘0,
7÷3＝2　餘1,
8÷3＝2　餘2,
9÷3＝3　餘0,
⋮

→ **餘數為0, 1, 2的循環**

像這樣將計算結果依序排列後，會注意到一件有趣的事。

所謂的「餘0」，我們通常會用「整除」這個詞表示。如果是餘3的話，則會再除一次，使商增加1，最後仍為「整除」，所以答案仍是「餘0」。

也就是說，當除數為3時，餘數可能為 {0, 1, 2} 三種。若只算除不盡的情況，則餘數只有 {1, 2} 兩種。前面提到的1/3的計算，就相當於「餘1」的狀況，此時若寫成小數，會得到一個無限循環的小數。

那麼，如果是除以6的話又會如何呢？

$$\left.\begin{array}{ll} 6\div6=1 & 餘0, \\ 7\div6=1 & 餘1, \\ 8\div6=1 & 餘2, \\ 9\div6=1 & 餘3, \\ 10\div6=1 & 餘4, \\ 11\div6=1 & 餘5, \\ 12\div6=2 & 餘0, \\ \vdots & \end{array}\right\} \rightarrow \textbf{餘數為0, 1, 2, 3, 4, 5的循環}$$

除以6時，餘數共有 {0, 1, 2, 3, 4, 5} 等六種。

因此，在排除餘0「整除」的情況之後，除以3的餘數共有 {1, 2} 兩種，除以6的餘數共有 {1, 2, 3, 4, 5} 五種。這些就是「所有可能得到的餘數」。

由此可以推測，**除不盡時，餘數可能情況數會比除數還要少1**。

讓我們實際算算看吧。請參考右頁。一開始「餘數為1」，之後卻變成了「餘數為4」的循環，故可得到

$\frac{1}{6}=0.1666666666666666666666\cdots$, 或者寫成 $\frac{1}{6}=0.1\dot{6}$

由此可知1÷6是一個無限循環小數。

如前所述，計算除法時，「餘數」的「可能情況數」為除數減一。但從1/3與1/6的例子中就會發現，實際進行除法計算時，**不一定會依一定順序出現「每一個餘數」**。下一章中將會繼續討論這個問題。

到這裡，第15章的問題也迎刃而解。1/6寫成小數時為

0.1666666 66666666… ⇒ 0.1666666

由此可知，在這台八位數計算機的內部會自動將第九位以後的數字「無條件捨去」。不過，隨著計算機的型號及按鍵順序不同，也可能會出現不同的結果（這只是其中一個例子）。

18 看起來很有趣的循環小數

前幾章中，我們將以自然數為分母的單位分數，分為「A」、「B」兩組，分別調查了它們的性質。其中，「B組」的數在化為小數時，計算機無法顯示出所有數字，如下所示。

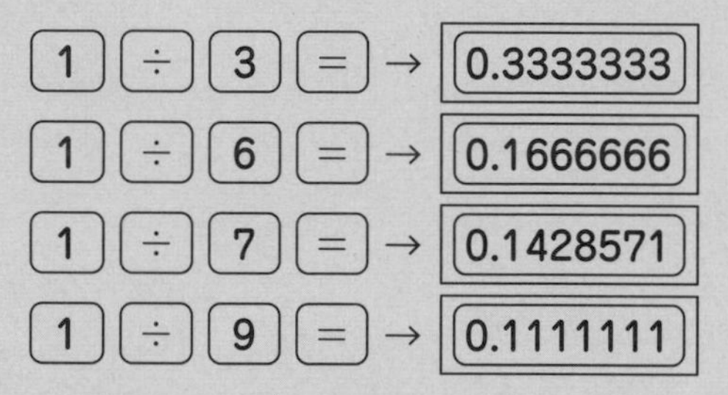

當然，我們也可以用「手算除法」求出這樣的結果。那麼，用計算機算和用手算的差別在哪裡呢？

計算機和手算的差別

除法的樂趣

除法中，**「餘數」的「可能情況數」為除數減一**。但實際計算1/3與1/6的除法時，卻發現並非「每一種餘數」都會出現。

不過，計算1/7的除法時，所有可能的餘數1、2、3、4、5、6都會出現。但如果你是用計算機計算的話，就很難發現到這個有趣的性質。只有在手算時才會注意到。

```
                        0.1428571···
                      7)10
                         7
第二層：餘3 →           30
                         28
第三層：餘2 →            20
                          14
第四層：餘6 →             60
                           56
第五層：餘4 →              40
                            35
第六層：餘5 →               50
                             49
第七層：餘1 →                 1 ←
```

所有餘數1、2、3、4、5、6都出現過一次了。

計算到這裡後，就沒有必要繼續算下去了。

這是因為位於這個除法最下端的餘數，與最上面的被除數「1」相等。因此，就算再繼續算下去，也只是同樣的計算反覆出現而已。由以上推論可以得知，1÷7的答案化為小數後，是一個循環節長度為6的無限循環小數$0.\dot{1}4285\dot{7}$。

如果你懷疑這個性質的話，可以試著自己繼續算下去。**比起聽從某個師長的說明，或是全盤接受書中內容，自己親自計算的經驗才是最寶貴的。**

只有徹底做到這一點的人，才能夠理解事物真正的本質。所以請不要客氣、不要覺得麻煩，用力計算下去吧。

旋轉分數的秘密

將分數1/7乘以兩倍、三倍、……可以得到

$$1\times\frac{1}{7}=0.142857142857\cdots=0.\dot{1}4285\dot{7},$$

$$2\times\frac{1}{7}=0.285714285714\cdots=0.\dot{2}8571\dot{4},$$

$$3\times\frac{1}{7}=0.428571428571\cdots=0.\dot{4}2857\dot{1},$$

$$4\times\frac{1}{7}=0.571428571428\cdots=0.\dot{5}7142\dot{8},$$

$$5\times\frac{1}{7}=0.714285714285\cdots=0.\dot{7}1428\dot{5},$$

$$6\times\frac{1}{7}=0.857142857142\cdots=0.\dot{8}5714\dot{2}$$

由此可以看出小數的數字排列正在「循環」。擁有這個性質的分數中，1/7是分母最小的分數。

你有看過唱盤嗎？
classic
$\frac{1}{7}$的研究
classic
$\frac{1}{7}$的研究

那麼，為什麼會出現這種現象呢？

讓我們再看一次1/7的手算過程。除數為7時，餘數可能為1到6，計算過程中則會依照**3**、**2**、**6**、**4**、**5**、**1**的順序登場。

計算過程如下：

以第二層的餘數**3**做為被除數計算**3÷7**,
以第三層的餘數**2**做為被除數計算**2÷7**,
以第四層的餘數**6**做為被除數計算**6÷7**,
以第五層的餘數**4**做為被除數計算**4÷7**,
以第六層的餘數**5**做為被除數計算**5÷7**,
以第末層的餘數**1**做為被除數計算**1÷7**.

反過來思考，當我們將1/7、2/7、3/7、4/7、5/7、6/7化為小數時，小數的數字序列也會是相同的樣式，只是前後移動了幾位而已。

這就是「旋轉分數」的秘密。

循環小數如其名所示，同樣的數字序列會一直循環出現。有沒有什麼方法，方便我們記住這個特性呢？或許你可以把它當成一個持續旋轉的單輪車。

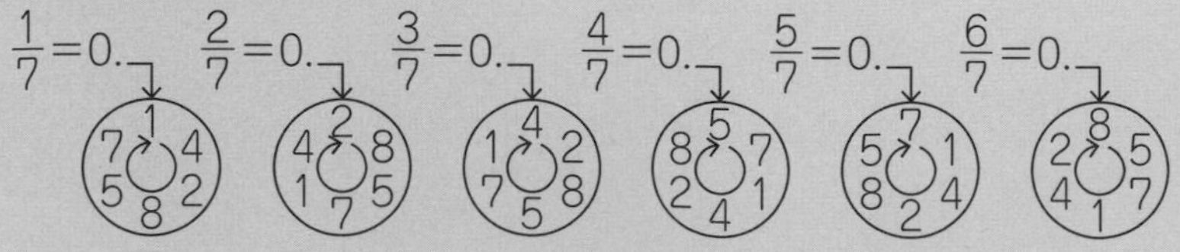

$\frac{1}{7}=0.$ 1 4 2 8 5 7　$\frac{2}{7}=0.$ 2 8 5 7 1 4　$\frac{3}{7}=0.$ 4 2 8 5 7 1　$\frac{4}{7}=0.$ 5 7 1 4 2 8　$\frac{5}{7}=0.$ 7 1 4 2 8 5　$\frac{6}{7}=0.$ 8 5 7 1 4 2

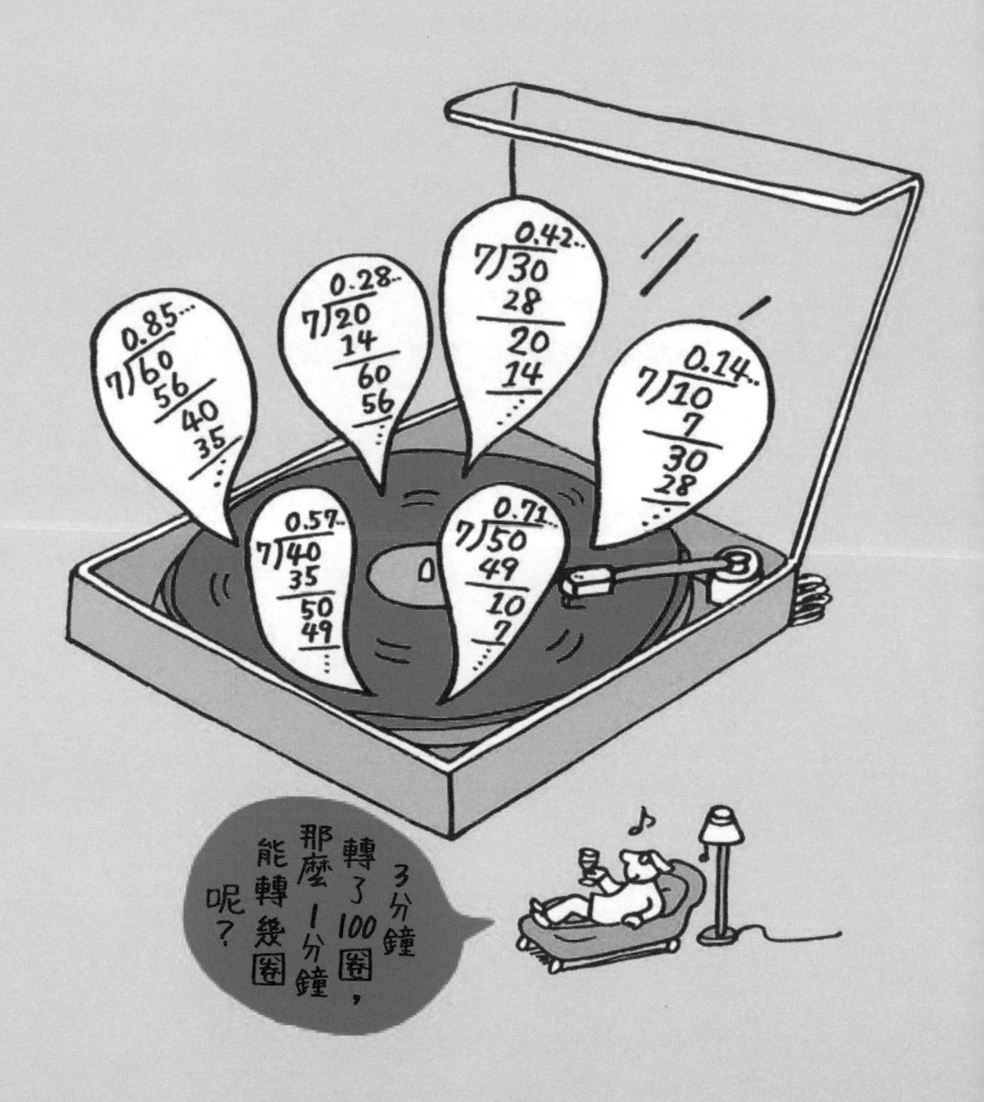
3分鐘轉了100圈，那麼1分鐘能轉幾圈呢？

前面介紹的1/3化為小數時也是循環數，可以想成：

$\frac{1}{3}=0.$ ↴ ③　　或者是 $\frac{1}{3}=0.$③

單一數字循環的情況。

不過要注意的是，這是本書特有的表示法，並非一般公認的表記方式。如果在學校的考試中，未經認可就使用這種方法的話，只會讓老師嚇一跳而已，絕對拿不到分數。

旋轉分數中，分母第二小的數為1/17，化為小數時為

$$\frac{1}{17}=0.0588235294117647\cdots$$

試著轉轉看這個數吧。十六種餘數分別對應如下。

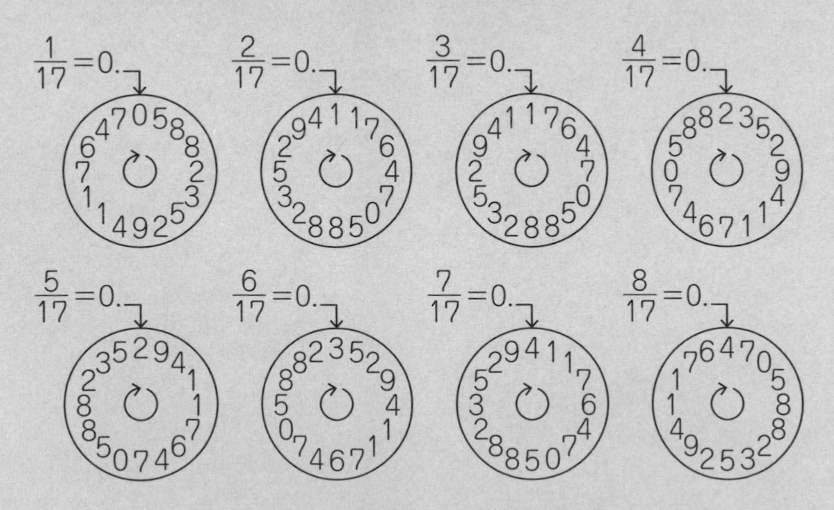

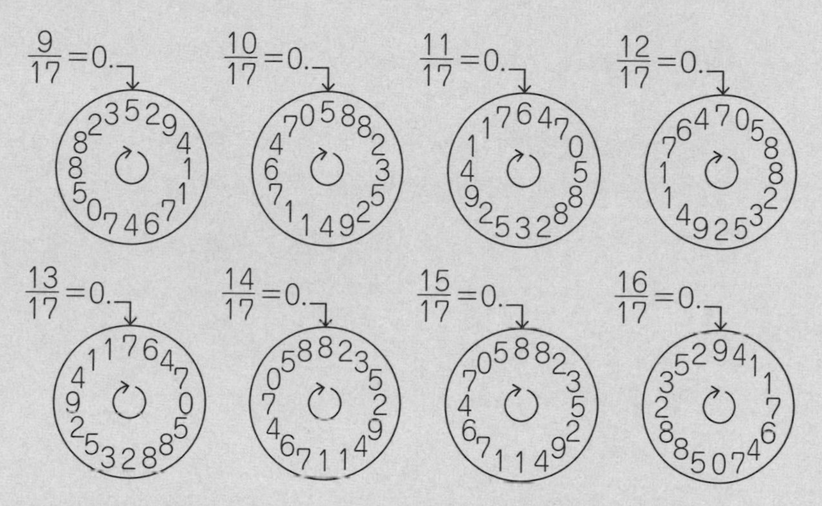

看起來就像庭院中的十六朵向日葵，讓人想起了正岡子規的俳句「雞冠花應該開了十四、五朵吧」。

你知道嗎？將骰子的某一面及其背面的點數相加，必定等於「7」。循環小數也能用這種形式表示成：**圓圈上的數和它正對面的數相加，必定等於「9」**。所以上述表記方法或許也可以視為不同方向的「正十六邊形骰子」。

分母數字為100以內的單位分數中，

$$\frac{1}{19}，\frac{1}{23}，\frac{1}{29}，\frac{1}{47}，\frac{1}{59}，\frac{1}{61}，\frac{1}{97}$$

皆為「旋轉分數」，都是「奇怪的骰子」。

特別是1/97，一共有九十六種餘數華麗登場。請你試著和班上同學們合作，一起計算出這些餘數的出場順序如何，享受轉動骰子的樂趣吧。

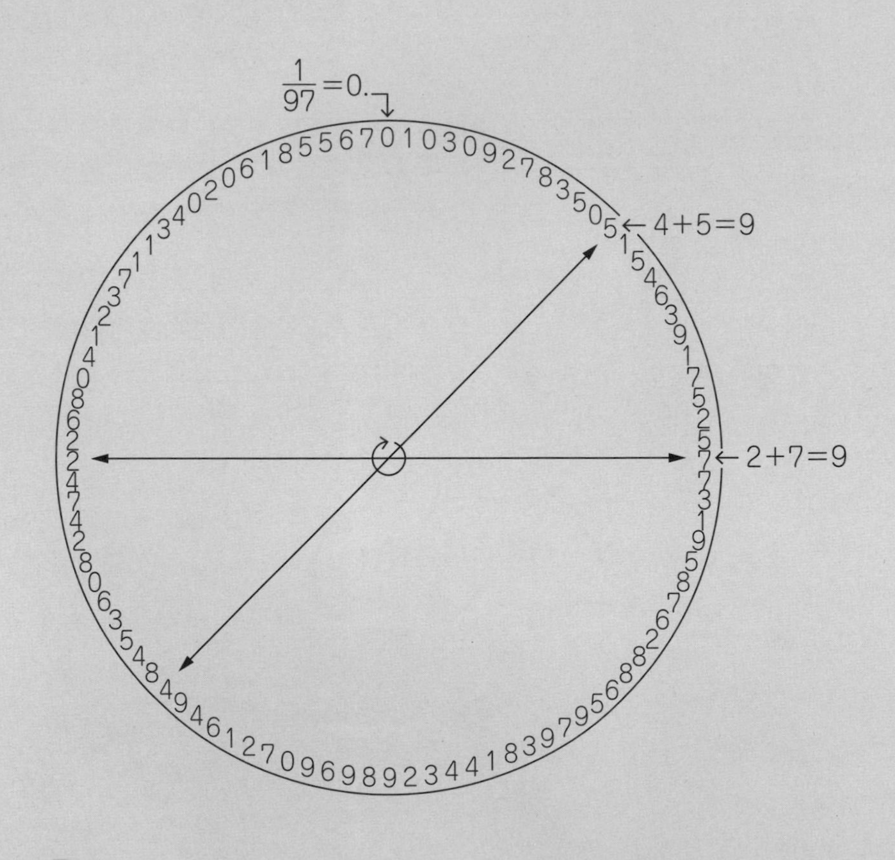

當然，要一個人挑戰也沒問題。

史上最強的大數學家高斯，從小就很喜歡計算循環小數，每一天都孜孜不倦地反覆計算，在數學領域中的知識一天比一天多，經驗一天比一天豐富。或許就是因為有了這些經驗，才能夠在他的生涯中發現各式各樣的數學性質。

各位也可以試著學學看高斯的行動。或許你會馬上發現「自己對數字的興趣並沒有像高斯那麼強烈」，但就算這樣也沒關係。

琢磨自己對數字的感覺，從看似單調的過程中發現樂趣時，可以獲得真正的充實感、成就感，進而培養出碰上困難時不找藉口、不過度依賴他人、獨立進取的精神。就算沒有成為高斯也沒關係。

19 從小數到分數

不管是手算，還是用計算機計算，將分數轉換成小數都是相當單純的過程。如果我們想要反過來，也就是將小數化為分數的話，又該怎麼做呢？分數與小數都是「數的一種表現形式」，如果不知道如何互相變換的話，就沒辦法物盡其用，應用的範圍也會減半。

有限小數的情況

如果題目給定的小數是有限小數的話，事情就簡單多了。舉例來說，想想看以下兩個小數要怎麼轉換成分數。

$$0.24, \qquad 0.123456.$$

首先是0.24。將這個數乘以十倍兩次，整理後可得

$$\mathbf{0.24} \times 10 = \mathbf{2.4}, \quad \mathbf{2.4} \times 10 = \mathbf{24} \rightarrow \mathbf{0.24} \times 10^2 = \mathbf{24}$$

由此可知，每乘一次十倍，小數點以下的數字就會往上移動一位。所以說，只要多乘幾次，就可以將小數點以下的位數全都移到小數點以上，化為自然數。到這裡，工作就已完成大半。

接著在等號兩邊同除以10^2，然後將分子、分母質因數分解，進行約分，轉換成分數的工作就結束了。如下所示。

$$0.24 = \frac{24}{10^2} = \frac{2^3 \times 3}{2^2 \times 5^2} = \frac{2 \times 3}{5^2} = \frac{6}{25}.$$

驗算也很簡單。讓我們用計算機來試試看吧。

[6] [÷] [2] [5] [=] → [0.24]

確實重現出0.24了。

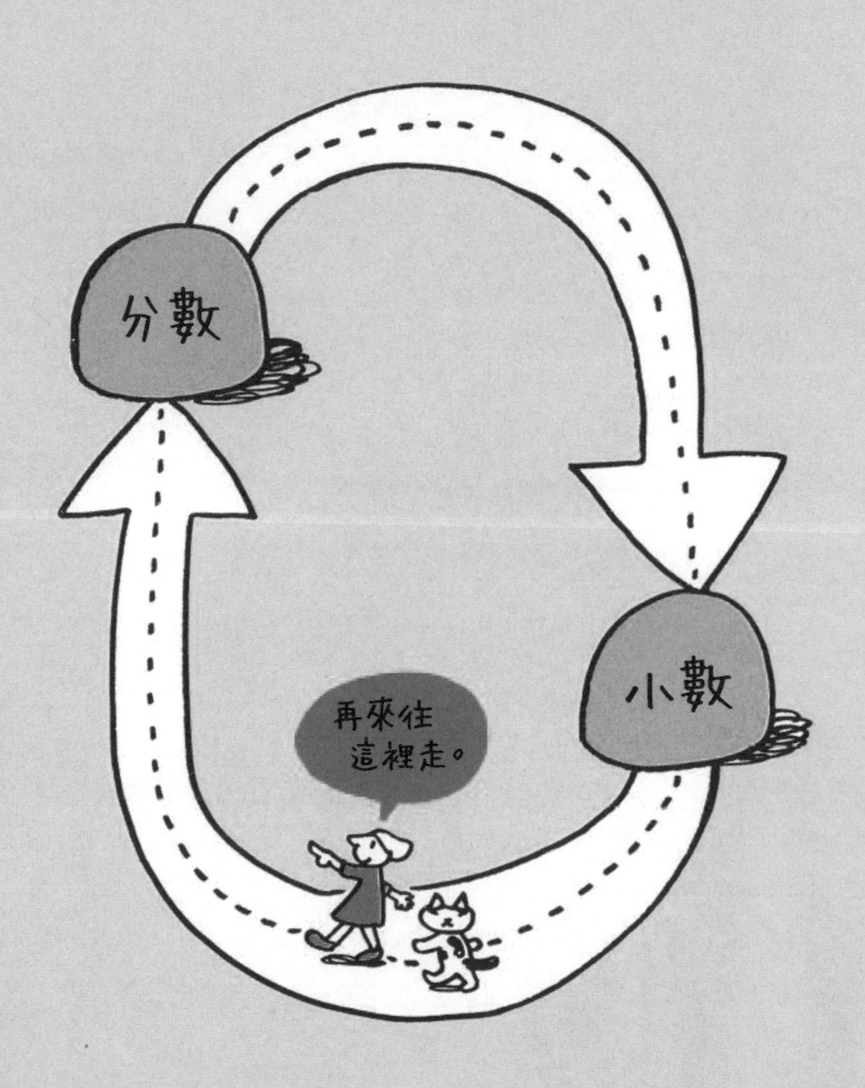
分數
小數
再來往
這裡走。

簡單來說，先算算看小數點以下有幾個數字，有幾個數字就乘以幾次10，便可將所有小數點以下的數字移動到小數點以上，使該數成為自然數。當小數點以下有六位數字，譬如0.123456時，就乘以10^6，如下所示

$$0.123456 \times 10^6 = 123456 \rightarrow 0.123456 = \frac{123456}{10^6}$$

到這裡，「分數化」就大致成功了。

接著將這個分數約分成最簡分數。如果覺得分母與分子的質因數分解太難的話，可以改用輾轉相除法。在這個例子中，如果將分子質因數分解，會出現一個略大的質數643，所以用輾轉相除法或許會比較簡單一些。其結果為

$$\frac{123456}{10^6} = \frac{2^6 \times 3 \times 643}{2^6 \times 5^6} = \frac{3 \times 643}{5^6} = \frac{1929}{15625}$$

各位可以再用計算機確認看看，應該會出現

0.123456

這個數字。

我們在表示事物的比例時，常會使用「**百分率**」這個工具。我們會用「**百分比符號 %**」來表示百分率，並假設代表整體的1是100%。譬如「10%是0.1」、「1%是0.01」等。

另一方面，日本也有獨特的計數方法，稱做「**步合**」。步合法中，假設「代表整體的1為十割」，「**一割**為0.1」、「**一分**為0.01」、「**一厘**為0.001」、「**一毛**為0.0001」、「**一糸**為0.0001」……每一個單位是前一個單位的1/10。其中，「割」與「分」在日本是很常見的單位。

那麼，棒球中的「**打擊率**」（＝安打數／打數）改用步合表示的話，會是多少呢？假設有一位打者的打擊率是「**三割四分三厘七毛五糸**」，那麼以百分率表示則為34.375%。

讓我們試著算算看這位厲害的打者，在多少打數下，會擊出多少支安打吧。

三割四分三厘七毛五糸

$$=3\times\overset{\text{割}}{0.1}+4\times\overset{\text{分}}{0.01}+3\times\overset{\text{厘}}{0.001}+7\times\overset{\text{毛}}{0.0001}+5\times\overset{\text{糸}}{0.00001}$$

$$=0.34375$$

接著把小數0.34375轉換成分數來回答問題。

$$\frac{34375}{100000}=\frac{5^5\times11}{5^5\times2^5}=\frac{11}{32}$$，因此32打數為11支安打.

若限制打數在五十以內的話，則最簡分數就是答案。若無限制打數的話，將這個答案擴分後，也同樣是正確答案。

$$\text{打擊率}=\frac{\text{安打數}}{\text{打數}}\ \begin{matrix}\rightarrow\\ \rightarrow\end{matrix}\ \frac{22}{64},\ \frac{33}{96},\ \frac{44}{128},\ \frac{55}{160},\cdots$$

循環小數的情況

接著，想想看循環小數該如何化為分數。

先從最簡單的循環小數$0.\dot{3}$開始。在將循環小數化為分數時，「**彼此消除**」這句話是一大關鍵。這是化簡無限數字時的必要技術。**那麼，究竟是將什麼和什麼彼此消除呢？**

首先想想看，是什麼東西讓我們覺得很麻煩呢？沒錯，就是這個無限持續下去的333…序列很麻煩。

$$0.\dot{3}=0.3333333333333\cdots$$

要是不處理掉這個部分的話，就沒辦法繼續前進。但有限的事物「不足以」消除無限。俗話說「以毒攻毒」，若要消除無限的事物，就必須準備另一個無限。

先將給定的小數乘以十倍。

$$10\times0.\dot{3}=3.3333333333333\cdots=3.\dot{3}.$$

小數點移動了一位。不過，3的序列仍無限延伸，麻煩還是存在。

接著，將以上兩個式子相減。

不管將無限延伸的3乘以多少倍，無限的部分仍一點都沒變。這就是「無限」的奇妙之處。也就是說，兩個式子在小數點以下的部分**完全相同**。

因此，我們可以進行以下計算：

$$
\left.\begin{array}{rcr}
10\times0.\dot{3} & \longleftrightarrow & 3.3333333333333\cdots \\
-)\quad 0.\dot{3} & \longleftrightarrow & -)\ 0.3333333333333\cdots \\
\hline
9\times0.\dot{3} & \longleftrightarrow & 3
\end{array}\right\} \rightarrow 9\times0.\dot{3}=3
$$

將右邊結果的等式兩邊分別除以9，可以得到

$$0.\dot{3}=\frac{3}{9}=\frac{1}{3}$$

這就是使用了兩個無限時產生的效果。

到這裡應該也不用驗算了。以計算機計算後，便可得到

$$\boxed{1}\ \boxed{\div}\ \boxed{3}\ \boxed{=}\ \rightarrow\ \boxed{0.3333333}$$

正如各位所知的結果。

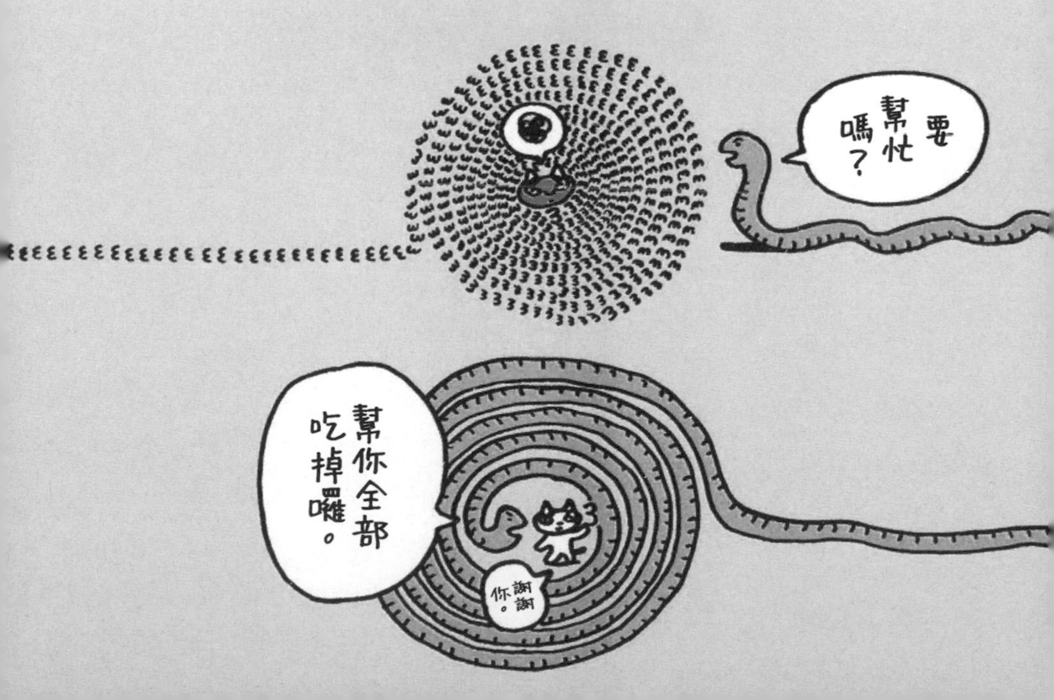

下一個例題是

$$0.\dot{1}4285\dot{7} = 0.142857142857142857\cdots$$

這也是我們很熟悉的數字對吧。

究竟我們能不能將其轉換回分數呢？這是一個「循環節長度為6」的循環小數，若要消除這個循環，就要乘以10^6倍。

$$10^6 \times 0.\dot{1}4285\dot{7} = 142857.142857142857142857\cdots$$

將兩式相減，可以得到以下結果。

$$\begin{array}{rcl}
1000000 \times 0.\dot{1}4285\dot{7} & \longleftrightarrow & 142857.142857142857142857\cdots \\
-)\ 0.\dot{1}4285\dot{7} & \longleftrightarrow & -)\ \quad 0.142857142857142857\cdots \\
\hline
999999 \times 0.\dot{1}4285\dot{7} & \longleftrightarrow & 142857
\end{array}$$

我媽媽的無限循環

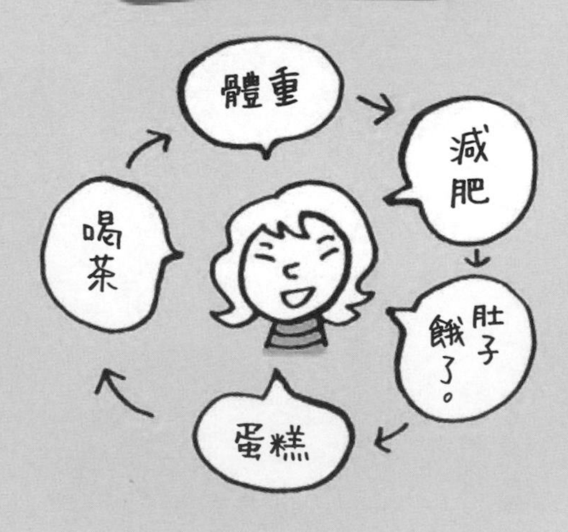

於是得到$999999 \times 0.\dot{1}4285\dot{7} = 142857$，接著再將等號兩邊分別除以999999，可以得到

$$0.\dot{1}4285\dot{7} = \frac{142857}{999999} = \frac{1}{7}$$

用計算機驗算如下

[1] [÷] [7] [=] → [0.1428571]

故可確認這是正確答案。

20 分數的四則運算

前面我們提到了許多計算分數時的「經驗法則」，這裡就用計算機來確認使用這些法則算出的數值吧。另外，也試著以數值計算為線索，想想看還沒提過的分數加減該怎麼計算吧。

分數的乘除，並確認答案

使用計算機對各位來說應該是家常便飯。想必大家也很信任計算機的計算結果吧。計算機是個「八位數小數」的世界。

學到這裡，各位已經能夠自由往來於分數與小數這兩個世界了。再強調一次，分數與小數都是表示「數」的方法。因為這兩種表示方法不會彼此矛盾，所以它們才有存在意義。

換句話說，**以分數形式計算的結果，應該要和計算機計算的結果相同才行。**要是結果不同的話，就沒辦法應用。

以1/4、1/5兩個分數為例，用計算機計算這兩個數的相乘結果。在小數的世界中計算得到的結果，會如何呈現於分數的世界中呢？這兩種結果會產生矛盾嗎？讓我們依序確認吧。

$\frac{1}{5}=$ 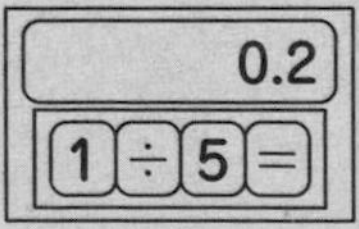 0.2 [1][÷][5][=]　　$\frac{1}{4}=$ 0.25 [1][÷][4][=]

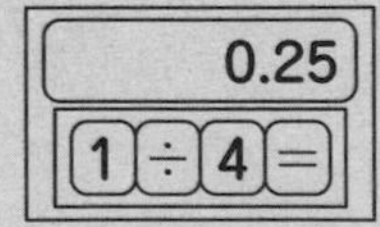

以計算機計算這兩個小數的乘法，結果如下

$0.2\times0.25=$ 0.05 [0][.][2][×][0][.][2][5][=]

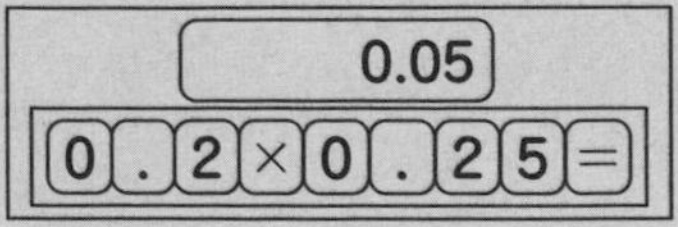

審判——計算機和分數的計算真的可以得到相同的答案嗎？

上圖在表示結果的計算機螢幕下，列出了按鍵的操作步驟。

用分數計算出來的結果，必須和計算機計算出來的結果相同才行。接著讓我們來看看分數間的乘法。分數與分數相乘時，分子乘分子、分母乘分母。

計算完分數的乘法之後，再用計算機將結果轉換成小數。

$$\frac{1}{5}\times\frac{1}{4}=\frac{1\times1}{5\times4}=\frac{1}{20}\rightarrow\frac{\mathbf{1}}{\mathbf{20}}=$$

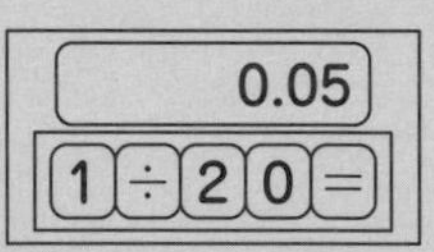

0.05

1 ÷ 2 0 =

確實直接用小數以及用分數計算，兩者得到的答案都是0.05。

分數間的除法就是乘上除數的倒數。實際操作時，我們會讓被除數乘上分子及分母交換後的除數。

也確認一下除法結果吧。首先，由計算機的計算可以得到

$$\mathbf{0.2\div0.25=}$$

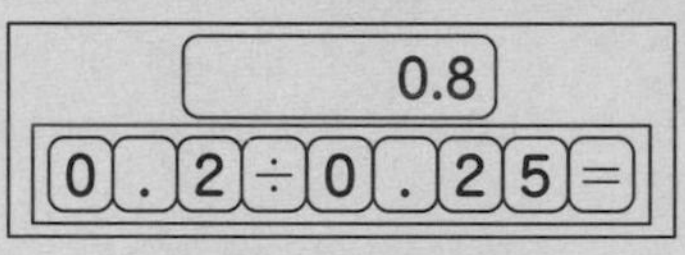

0.8

0 . 2 ÷ 0 . 2 5 =

接著，以分數計算，再用計算機轉換成小數，可以得到

$$\frac{1}{5}\div\frac{1}{4}=\frac{1}{5}\times\frac{4}{1}=\frac{1\times4}{5\times1}=\frac{4}{5}\rightarrow\frac{\mathbf{4}}{\mathbf{5}}=$$

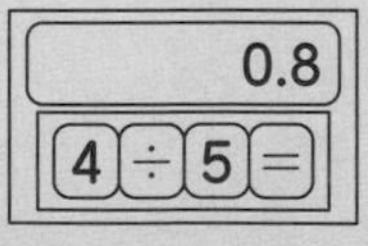

0.8

4 ÷ 5 =

兩者皆為0.8。在這個例子中，兩者答案相同。

以上，我們由計算機的計算結果了解到，分數的乘除規則與小數的計算結果不會產生矛盾。

「律師答辯」
0.2×0.25=0.05
$\frac{1}{5}\times\frac{1}{4}=\frac{1}{20}$
1÷20=0.05
……因此
計算機的答案
「正確」。

當然，即使規則在特定例子下成立，也不保證這個規則在一般情況下也會成立。不過這裡我們可以先說出結論：本章中提到的分數計算規則，在任何情況下都會成立。**本書的目的並不是要各位死背解題步驟或證明方法，而是希望各位能親自體驗實際的例子，培養對數字的感覺，逐漸熟悉數學中的基本規則**，所以才會只介紹幾個特例。如果你想知道一般情況下，這個規則是否也成立的話，請一定要繼續深入研究數學。

分數的加減：計算的方法

接著來介紹分數的加法。先舉一個小數加法的例子。

$$0.25+0.2= \boxed{0.45}$$

0 . 2 5 + 0 . 2 =

但糟糕的是，本書還沒提過任何分數的加法規則。所以**現在我們唯一知道的是，這個算式的答案「寫成小數時是0.45」。**

首先，讓我們把這個小數改寫成分數吧。或許可以從中得到一些線索。

$$0.45=\frac{45}{100}=\frac{9}{20}.$$

於是，我們可以得到下方算式。

0.25	+	0.2	=	0.45
‖		‖		‖
$\frac{1}{4}$	+	$\frac{1}{5}$	$\overset{?}{\leftrightarrow}$	$\frac{9}{20}$

「檢察官審問」
0.25+0.2
=0.45
是嗎？
是的。
0.45
寫成分數是
$\frac{45}{100}$，等於$\frac{9}{20}$
是嗎？
是的。
那麼為何
$\frac{1}{4}+\frac{1}{5}=\frac{9}{20}$
會成立呢？
咦？

在前面的算式中，連接兩個分數的符號「$\overset{?}{\leftrightarrow}$」就是問題所在。由小數的計算結果顯示，**兩邊的數值應可用「等號」連接才對。但要在什麼樣的計算規則下，才能讓左邊的兩個分數相加後會等於右邊的分數呢？**

至少在這個階段可以知道，分數相加的規則並不是分子加分子、分母加分母，因為

$$\frac{1}{4}+\frac{1}{5}\rightarrow\frac{1+1}{4+5}=\frac{2}{9}\neq\frac{9}{20}$$

如此一來計算結果會和小數矛盾。如果這種計算方式正確的話，會得到以下這種詭異的結果。

$$\underbrace{0.75=\frac{3}{4}\rightarrow\frac{1+2}{2+2}\rightarrow\frac{1}{2}+\frac{2}{2}=0.5+1=1.5}_{???}$$

有些人會在好不容易想出一個看似可行的計算規則之後，「因為這個規則行不通而感到苦惱」。但這並不是一個好的求知態度。數學是一個很自由的學問，但不允許自相矛盾。數學的計算規則可以任意定義，但要是出現矛盾的話，就會失去存在意義。

這個規則「為什麼會行不通？」的答案很簡單，就是**因為這會讓分數與小數之間的對應關係產生矛盾**。在開創新學問時，必須確保用新學問處理舊學問的問題時不會產生矛盾。這就是做學問困難的地方，也是做學問有趣的地方。

那麼，分數的加法究竟該依循什麼樣的規則呢？前式中，等號右邊為9/20。9/20的意思是：將整體分割成二十等分，然後取其中九份。因此，我們必須將整體視為20，才能將9/20與1/4及1/5放在一起比較。

那麼，接著就算算看這兩個分數在這二十等分中分別佔了幾份吧。這裡我們需要用到「1的變形」。**之後只要有用到「1的變形」，就會用外框強調乘上的「1」。**

只要分別乘上這兩個「1」，就可以將分母調整成20。

$$\boxed{\frac{5}{5}} \times \frac{1}{4} = \frac{5\times1}{5\times4} = \frac{5}{20}, \quad \boxed{\frac{4}{4}} \times \frac{1}{5} = \frac{4\times1}{4\times5} = \frac{4}{20}.$$

這樣就可以比較這兩個分數了。我們可以看出「1/4在二十等分中佔了五份」，「1/5在二十等分中佔了四份」。因此兩者相加的算式可以改寫成以下形式。

$$\frac{1}{4} + \frac{1}{5} = \frac{5}{20} + \frac{4}{20}$$

如同我們之前說的，分母相同的兩個數相加時，只要將分子加起來就可以得到答案了。由分數原本的意義思考便可理解為何如此。而相加的結果為9/20，和計算機計算小數相加時得到的結果相同。

因此，**不管從分數原本的意義或是從數值上來看，這個計算規則**

$$\frac{5}{20} + \frac{4}{20} = \frac{5+4}{20} = \frac{9}{20}$$

都可以成立。

此外，在將兩數相加之前，則需要「將兩分數化為相同分母」。既然上述計算正確無誤，那麼倒過來算也會是正確的式子，就像是將影片倒過來放一樣。

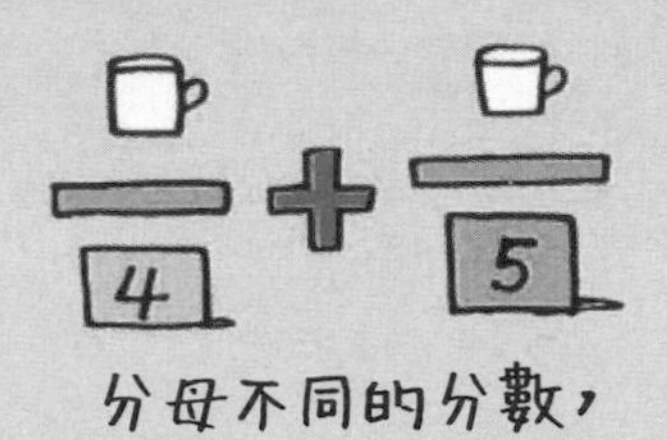

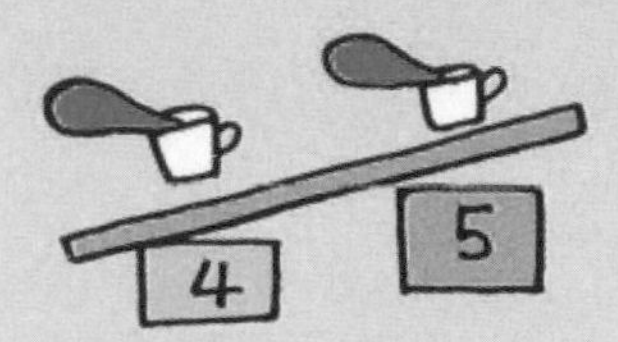

無法直接相加。

$$\frac{9}{20}=\frac{5+4}{20}=\frac{5}{20}+\frac{4}{20}$$
$$=\frac{5\times1}{5\times4}+\frac{4\times1}{4\times5}$$
$$=\boxed{\frac{5}{5}}\times\frac{1}{4}+\boxed{\frac{4}{4}}\times\frac{1}{5}=\frac{1}{4}+\frac{1}{5}.$$

以上就是分數相加的方法。

讓我們整理一下吧。兩個分數必須在相同基準下才能相加，為此，必須將兩分數的分母化為共通分母。**共通分母由「兩個分母的數值」決定**。在這個例子中，我們必須選擇一個因數中含有4與5的數字做為分母。

尋找這種數時，**最簡單的方法就是將兩個數直接相乘**。這個例子中就是如此：20＝4×5。而兩個數的共通倍數，就叫做「**公倍數**」。也就是說，只要計算出兩個分母的公倍數，就可以得到共通分母。將兩分數化為分母共通的分數後，再將分子相加就可以得到答案。

事實上，分數的減法——減法規則——也可以由相同的步驟求得。不同的地方只在於：求出共通分母之後，需將分子相減而已。具體而言，計算過程如下方算式。

$$\begin{array}{ccccc} 0.25 & - & 0.2 & = & 0.05 \\ \parallel & & \parallel & & \parallel \\ \frac{1}{4} & - & \frac{1}{5} & \overset{?}{\leftrightarrow} & \frac{1}{20} \end{array}$$

如此一來，我們就更清楚分數間的計算規則了。

分數減法和分數加法的過程完全相同，先化為相同的分母，再將分子相減就可以了。

$$\frac{1}{4}-\frac{1}{5}=\boxed{\frac{5}{5}}\times\frac{1}{4}-\boxed{\frac{4}{4}}\times\frac{1}{5}$$

$$=\frac{5\times1}{5\times4}-\frac{4\times1}{4\times5}$$

$$=\frac{5}{20}-\frac{4}{20}=\frac{5-4}{20}=\frac{1}{20}.$$

以上就是分數間的加減規則。

各位在計算分數時，可以在旁邊擺一台計算機，隨時以數值方式確認計算結果。即使計算機沒辦法直接計算分數的加減乘除，也**可以用來判斷我們的計算是否正確**。計算機是個「很棒的老師」不是嗎？

21 通分與公倍數

我們終於學會如何計算分數加減了。重點就在於將兩個分數化為共通分母的分數。這個步驟稱做「**通分**」。

通分後，只要將兩個分數的分子相加或相減，就可以得到答案了。簡單來說，分數加減時的重點就是通分。

再次確認分數計算方式

讓我們一邊解題，一邊深入討論通分是什麼吧。

首先，以1/2加上1/3為例。兩分數共通的分母——即「通分關鍵」，就是兩分母的乘積。本例為2×3＝6。因此，我們可以藉由「1的變形」，將兩個分數的分母化為6。

$$\frac{1}{2}+\frac{1}{3}=\boxed{\frac{3}{3}}\times\frac{1}{2}+\boxed{\frac{2}{2}}\times\frac{1}{3}=\frac{3\times1}{3\times2}+\frac{2\times1}{2\times3}=\frac{3}{6}+\frac{2}{6}=\frac{5}{6}.$$

接著再用計算機確認小數相加的結果。

0.5		0.3333333
1 ÷ 2 =	+	1 ÷ 3 =

這兩個小數相加後，「八位數螢幕可顯示的答案」為

$$0.5+0.3333333=0.8333333.$$

將這個答案和5/6化為小數的結果做比較：

0.8333333
5 ÷ 6 =

由此可知，兩者算出來的結果「姑且一致」。

但光是這樣還不夠。我們知道手算1/3時會得到一個無限循環小數$0.\dot{3}$，但卻不曉得將5/6化為小數後，第八位以下的數字是多少。究竟第九位是會整除呢？還是會繼續循環下去呢？因為計算機的顯示位數不夠，所以無法馬上得出答案。如果想要確實了解整個式子的意義，就必須靠手算。

觀察手算時的餘數，我們可以確定5/6確實是$0.8\dot{3}$這個無限循環小數。因為1/6也是無限循環小數$0.1\dot{6}$，所以大概可以預料到這樣的結果。

那麼，讓我們試著將這個小數化為分數吧。將這個數乘以十倍，再讓兩個「無限」彼此抵消。

$$\left.\begin{array}{rcr} 10\times 0.8\dot{3} & \longleftrightarrow & 8.3333333333333\cdots \\ -)\quad 0.8\dot{3} & \longleftrightarrow & -)\ 0.8333333333333\cdots \\ \hline 9\times 0.8\dot{3} & \longleftrightarrow & 7.5\ (=8.3-0.8) \end{array}\right\}\rightarrow 9\times 0.8\dot{3}=7.5$$

可以得到這個小數為

$$0.8\dot{3}=\frac{7.5}{9}=\boxed{\frac{2}{2}}\times\frac{7.5}{9}=\frac{15}{18}=\frac{5}{6}$$

這代表一開始做的分數計算是正確的。

尋找公倍數

接著來看下一個問題吧。1/2加上1/4會是多少呢？

和前面的題目一樣，這裡也用「1的變形」來通分。

$$\frac{1}{2}+\frac{1}{4}=\boxed{\frac{4}{4}}\times\frac{1}{2}+\boxed{\frac{2}{2}}\times\frac{1}{4}=\frac{4\times1}{4\times2}+\frac{2\times1}{2\times4}=\frac{4}{8}+\frac{2}{8}=\frac{6}{8}.$$

通分成功後，也順利求出了答案。照理說，只要答案對了，應該就沒問題。不過，通常答案會希望化簡成最簡分數，所以上面的結果還要將分子、分母以公因數2約分得到3/4，才是正確答案。

有些題目中，一個分數的分母明顯是另一個分母的倍數。這時候，只要將分母較小的分數擴分，使分母變成和另一個分數的分母一樣大就可以了。以這題為例，只要將分母為2的分數擴分，使其分母變為4，就可以達到通分的目的。計算過程如下。

$$\frac{1}{2}+\frac{1}{4}=\boxed{\frac{2}{2}}\times\frac{1}{2}+\frac{1}{4}=\frac{2\times1}{2\times2}+\frac{1}{4}=\frac{2}{4}+\frac{1}{4}=\frac{3}{4}$$

這樣就可以直接得到最簡分數的答案。

不過，也沒有必要堅持這麼做。你也可以依照前面介紹過的方法，直接將兩數分母相乘、通分，一樣可以得到答案。

在加減完之後，如果可以約分的話就約分，使其化為最簡分數，就是最後的答案。**分數的加減法題目中，如果最困難的部分是通分的話，就先把這個部分解決，之後再思考約分之類的步驟。**

就實際應用上，就算沒有化為最簡分數，也可以求出正確數值。譬如說，用計算機計算6÷8與3÷4時，都可以得到0.75。要是想得太複雜導致算錯的話，反而得不償失。

伸長梯子——!
喔——!
1/3
1/2

試考慮以下問題。

$$\frac{2}{391}+\frac{3}{437}.$$

這兩個分數都是最簡分數，但分數本身看起來卻不簡單。兩個分數之間並沒有因數與倍數的關係。

這時候，老實地將兩個分母相乘391×437＝170867，做為通分後分數的分母，會是比較保險的做法。來試試看吧。

$$\begin{aligned}\frac{2}{391}+\frac{3}{437}&=\boxed{\frac{437}{437}}\times\frac{2}{391}+\boxed{\frac{391}{391}}\times\frac{3}{437}\\&=\frac{437\times 2}{437\times 391}+\frac{391\times 3}{391\times 437}\\&=\frac{874}{170867}+\frac{1173}{170867}\\&=\frac{874+1173}{170867}=\frac{2047}{170867}.\end{aligned}$$

順利算出答案了。如果以上計算過程沒有出錯的話，大致上可以說是解題「成功」。不過，我們並不曉得這個分數是否為最簡分數。這時候就輪到「**輾轉相除法**」登場了。用輾轉相除法來算出170867、2047的最大公因數吧。

$$\begin{aligned}170867&=83\times 2047+966,\\2047&=2\times 966\quad+115,\\966&=8\times 115\quad+46,\\115&=2\times 46\quad+23,\\46&=2\times \mathbf{23}.\end{aligned}$$

原來如此，這兩個數有公因數23。那麼我們就用23將這個分數化為最簡分數吧。

2047
170867

$$\frac{2047}{170867}=\frac{23\times 89}{23\times 7429}=\frac{\mathbf{89}}{\mathbf{7429}}.$$

不過，**計算後的分子與分母之所以有23這個公因數，是因為這個數本來就存在於一開始題目的分數中。**讓我們來看看這是怎麼回事吧。

事實上，兩個分數的分母可以質因數分解如下。

$$\frac{2}{391}+\frac{3}{437}=\frac{2}{17\times 23}+\frac{3}{19\times 23}.$$

因此這兩個分母相乘後得到的「共通分母」就是：

$$170867=(17\times 23)\times(19\times 23)=17\times 19\times 23^2$$

由算式可以看出多了一個23。

因此這題在通分時，分母只要擴分到17×19×23就可以了。讓我們再試一次看看。

$$\begin{aligned}\frac{2}{391}+\frac{3}{437}&=\frac{2}{17\times 23}+\frac{3}{19\times 23}\\&=\boxed{\frac{19}{19}}\times\frac{2}{17\times 23}+\boxed{\frac{17}{17}}\times\frac{3}{19\times 23}\\&=\frac{19\times 2}{19\times 17\times 23}+\frac{17\times 3}{17\times 19\times 23}\\&=\frac{38}{19\times 17\times 23}+\frac{51}{17\times 19\times 23}\\&=\frac{38+51}{17\times 19\times 23}=\frac{89}{7429}.\end{aligned}$$

由此可知，在通分兩個分數時，如果將分母通分成一個比較小的公倍數的話，可以省下一些計算的工夫。在這個例題中，391＝17×23與437＝19×23最小的公倍數是7429＝17×19×23。故7429是這兩個數的「**最小公倍數**」。

在那裡，我們就見過了對吧。
真的耶。
2/391
3/437

也可以說，通分時最好能夠**找出兩個分母的最小公倍數**。確實，如果能用最小公倍數通分的話，就不會產生多餘的計算了。

不過，「以最小公倍數通分」並不是各位在學習分數計算時的首要目標。要是因為找不到最小公倍數而通分失敗的話，解題時就會很挫折。這個例題是典型的問題，解起來比較簡單。但其實最小公倍數往往不是「看一眼」就能找出來的數。如果題目一開始就有給定分母的質因數分解結果的話，那還沒那麼困難。但平常如果想找出兩個數的最小公倍數，還是只能靠輾轉相除法。

比起花時間找出最小公倍數，不如直接將兩個分母相乘，就能迅速找到一個公倍數做為通分用的分母，迅速算出答案。總之，**盡快完成通分的步驟，之後再約分就可以了**。這樣比較不容易算錯。

最後，讓我們將分數加減的運算過程再寫一遍吧。

$$\frac{\bigcirc}{\square}+\frac{\blacklozenge}{\blacktriangle}=\frac{\bigcirc\times\blacktriangle+\square\times\blacklozenge}{\square\times\blacktriangle},\quad \frac{\bigcirc}{\square}-\frac{\blacklozenge}{\blacktriangle}=\frac{\bigcirc\times\blacktriangle-\square\times\blacklozenge}{\square\times\blacktriangle}$$

不過，請各位不要光是死記運算過程的「樣子」，而是要在心中想著「1的變形」等數學及計算上的意義，在計算題目時一步一步前進。

喜歡吃的東西
你會先吃掉呢？
還是留到最後？
是幕之內便當耶—！
哇！

容易錯的部分
你會先計算呢？
還是留到最後？
是煎蛋捲耶！
先通分，再約分。

22 因數與倍數的整理

約分時需要用到公因數，通分時需要用到公倍數。兩個以上的數所共同擁有的因數或倍數，就會在**其名稱前面加上「公」這個字，這些公因數與公倍數又是另一個有趣的領域。**來看看因數與倍數兩者的關係吧。

因數、公因數、最大公因數

一般來說，兩個以上的數所共同擁有的因數或倍數，就稱做公因數或公倍數。不過，先重新看一遍因數與倍數的性質。

想必各位應該已經知道如何用質因數分解的結果，求出一個數有那些因數了吧。這裡就讓我們分別求出兩個數的因數、倍數，再來看看它們的公因數、公倍數有哪些性質。

以$18=2\cdot3^2$與$24=2^3\cdot3$這兩個數字為例。用質因數的展開式，就能簡單求出一個數的所有因數。

$$\mathbf{18}:(2^0+2^1)(3^0+3^1+3^2),\quad \mathbf{24}:(2^0+2^1+2^2+2^3)(3^0+3^1).$$

展開這兩個式子之後，可以得到兩個數的因數如下所示。

18的因數　{1, 2, 3, 6, 9, 18},
24的因數　{1, 2, 3, 4, 6, 8, 12, 24}.

一個數的因數，指的是可以整除這個數的數字。因此，不管題目給的數字多大，因數一定比原本的數還要小，而且**因數為有限多個，所以能列出所有因數**，只要有足夠大的紙，並且會花上不少時間。

24,18

再來要談的是「**最大因數**」。對於任何自然數來說，最大因數就是自己。「最小因數」則是1——雖然通常不會這麼說。

前面列出了這兩個數的所有因數，請從表中找出這兩個數有那些共同的因數，也就是找出公因數。

{1, 2, 3, **6**}

共有四個對吧。其中最大的數是6，而6就是給定的兩數18與24的最大公因數。要是公因數只有「1」的話，這兩個數就「互質」。

最大公因數扮演著很重要的角色。

首先，請回想一下「**所有公因數都是最大公因數的因數**」這個事實。真的是這樣嗎？讓我們來確認一下吧。

6的質因數分解結果為2×3，展開式為：

$$\mathbf{6}:(2^0+2^1)(3^0+3^1)=2^0\cdot3^0+2^0\cdot3^1+2^1\cdot3^0+2^1\cdot3^1$$

故6的因數共有{1, 2, 3, 6}四個，這樣就確認完畢了。

因此，只要知道最大公因數是多少，就可以輕鬆找出所有的公因數了。這讓人鬆了口氣。畢竟若是列出一大堆因數，再從中找出自己想要的公因數的話，會需要很大一張紙，還得花費很多時間才行。

接著來看看怎麼由質因數分解的方式，求出兩個數的最大公因數吧。前面列出了這兩個數的因數，這裡就讓我們用一種比較特別的方式排列這些因數吧。

$$\{1, 2, 3, 6, 9, 18\} : \mathbf{18}$$
$$\mathbf{24} : \{24, 12, 8, 4, 1, 2, 3, 6\}$$

雖然這只是移動一下兩個數列的位置，不過，你應該可以從中感覺到某種規則吧？所謂的公因數，指的是兩個數共同的因數，也就是重疊的部分。若要找出這個部分，只要將原本的數質因數分解就可以了。再來，以下這種表示方式又如何呢？

$$2\times3\times3=\mathbf{18}$$
$$\mathbf{24}=2\times2\times2\times3$$

這也是一種很有趣的表示方式。

我們還可以從另一個比較現實的角度來看，想像這兩個數是分子與分母，並設法將其化簡為最簡分數，如下所示：

$$\frac{18}{24}=\frac{2\times3^2}{2^3\times3}=\boxed{\frac{2\times3}{2\times3}}\times\frac{3}{2^2}$$

這種表示法如何呢？**這是「1的變形」的應用，而框起來的分數中，分子與分母都是這兩個數的最大公因數。**

兩個數的最大公因數，就像是很會聊天的朋友一樣。他會知道兩個人的所有共通「話題」，所以和兩個人可以聊得很起勁。而最大公因數的因數，就像是兩人間的「話題」一樣。

要是不曉得怎麼將給定的兩個數質因數分解的話，可以改用輾轉相除法，這是求取最大公因數時，最常用的方法。

「各種最大公因數」
蛋
蛋包飯
布丁
16
8
40
24
6
18
咖哩
咖哩
菇
洋蔥
紅蘿蔔
馬鈴薯
肉
牛奶
奶油
燉肉
這時候，最大公因數應該是「肉」對吧？

倍數、公倍數、最小公倍數

另一方面，倍數則是將給定的數依序乘上各個自然數後得到的數，**有無限多個**。談到公倍數時，一般只考慮正數。公倍數有無限多個，要多大就有多大。

因此在列倍數時，通常會加上「…」的符號，如以下形式。

18的倍數　{18, 36, 54, **72**, 90, 108, 126, **144**, 162, 180,...},
24的倍數　{24, 48, **72**, 96, 120, **144**, 168, 192, **216**, 240,...}.

而兩個數共通的倍數——公倍數則如下所示。

{**72**, 144, 216, 288, 360, 432, 504, 576,...}.

由此可以看出，倍數有無限多個，公倍數也有無限多個。

因此我們找不到這兩個數最大的公倍數，但卻有最小的公倍數，稱做「**最小公倍數**」。另外，由上表可以看出，「**所有公倍數都是最小公倍數的倍數**」。

兩個數的最小公倍數，就像是一個能變身成這兩個數的魔法師一樣。魔法師的袋子內有名為質因數的變身用服裝，而且魔法師只帶著「最低限度」的變身用服裝。

如果要變身成18的話，需要準備「一個2，兩個3」；如果要變身成24的話，需要準備「三個2，一個3」。因此只要袋子內有「三個2，兩個3」的話，就可以隨意變身成18或24了。

這個袋子內的數就是最大公因數（$2^2 \cdot 3^2 = 72$）。就算是魔

最大公因數與最小公倍數的關係

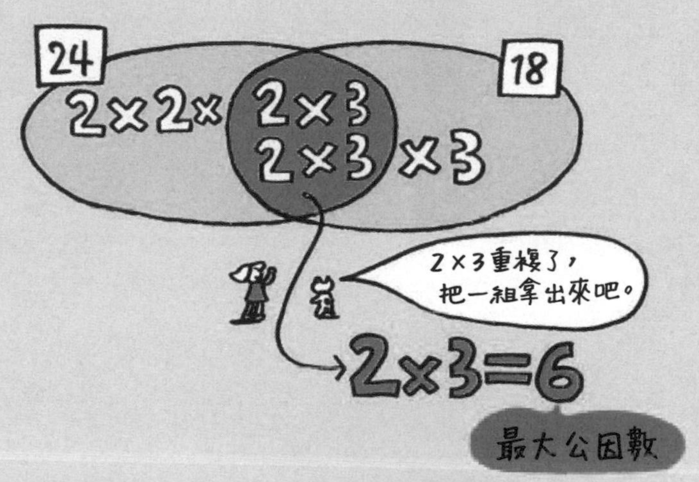

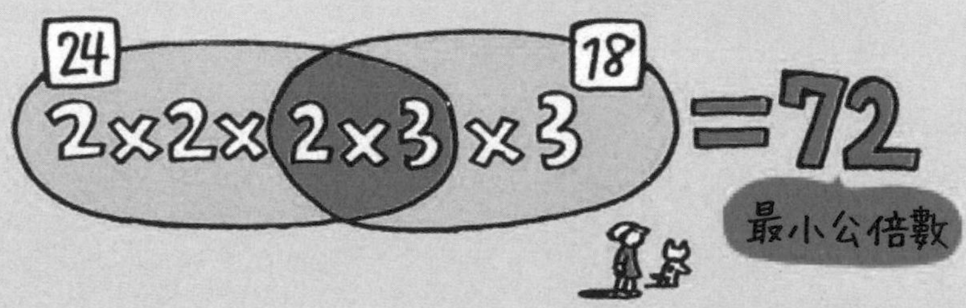

也就是說，

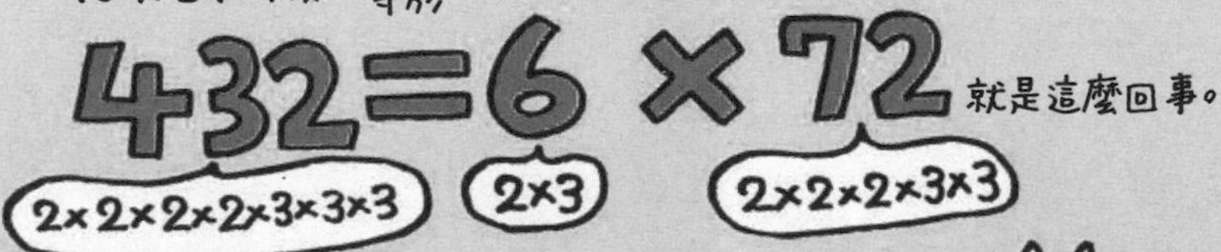

法師，也不想拿太重的袋子，所以只會準備最低限度的衣服。

將兩個數的質因數分別放入圓內，若兩者「**互質**」，圓圈就不會重疊。如果兩個圓有重疊，重疊處就會有兩個數共通的質因數。而這些質因數的積就是兩個數的「**最大公因數**」。

如果兩個圓有重疊部分的話，這兩個圓覆蓋的面積，就會等於原本兩個圓的面積相加，再扣掉重疊部分的面積。而扣掉的面積，就相當於最大公因數；而這兩個圓覆蓋的面積，就相當於這兩個數的「**最小公倍數**」。

或者說，兩個圓原本的面積總和，就會等於這兩個圓覆蓋的面積，再加上兩個圓重疊部分的面積。

從質因數的角度來看，可以把這個關係改寫如下

給定兩數的積＝最大公因數×最小公倍數

這個關係非常重要。只要善用這個式子，就可以解決許多與分數有關之公因數、公倍數的問題。

如果題目有給定質因數分解結果的話，求取最大公因數和最小公倍數就簡單多了。要是沒有的話，可以用「輾轉相除法」求出「最大公因數」。求出最大公因數之後，就能知道所有的「公因數」。接著再利用上述關係，以最大公因數求出最小公倍數，就可以求出所有公倍數了。

如果題目給定的兩個數是分子與分母的話，我們可以用最大公因數來約分，用最小公倍數來通分。

和分數
有關的問題
全部都能
迎刃而解。

23 廣大的分數世界

到這裡，各位已經看過分數計算的整體樣貌。本章就讓我們來一口氣複習前面介紹過的計算方法吧。

四則運算整理

本書一再提到分數是「有兩層的數」。住在一樓的叫做分母，住在二樓的叫做分子。

$$\textbf{分數} = \frac{\textbf{分子}}{\textbf{分母}}.$$

我們也可以將分子視為被除數，將分母視為除數，從除法的角度來看分數。

$$\frac{\text{被除數}}{\text{除數}} \longleftrightarrow \frac{\textbf{分子}}{\textbf{分母}}.$$

這裡就先整理一下**分數的計算規則**吧。不過，並不建議你死記以下這些「奇怪的圖案」。人類不管再怎麼認真地想記住東西，最後還是會忘記。如果只記得一半，就和全都忘記是一樣的，只會讓人感到混亂而已。**最重要的是「學到隱藏在算式深處的內容」。**

首先是乘除的規則。要注意的是，各個分數的分母不可為「0」。可以把這些符號想成是毛毯上的花樣，會有趣許多。

$$\textbf{乘法}：\frac{\bigcirc}{\square} \times \frac{\blacklozenge}{\blacktriangle} = \frac{\bigcirc \times \blacklozenge}{\square \times \blacktriangle},$$

$$\textbf{除法}：\frac{\bigcirc}{\square} \div \frac{\blacklozenge}{\blacktriangle} = \frac{\bigcirc \times \blacktriangle}{\square \times \blacklozenge}.$$

1729

具體的計算實例如下。

$$\frac{2}{3}\times\frac{5}{7}=\frac{10}{21},\quad \frac{2}{3}\div\frac{5}{7}=\frac{14}{15}.$$

在檢視數學上的一般性關係時，可以試著舉出各種例子計算看看。另外，當你算過許多例題之後，也會發現各種一般性規則，這就是人類擁有的神奇智慧，請你一定要體驗看看這種樂趣。

用計算機算算看小數形式下的乘除結果。先將分數轉換成小數，再將兩個小數相乘，如下所示。

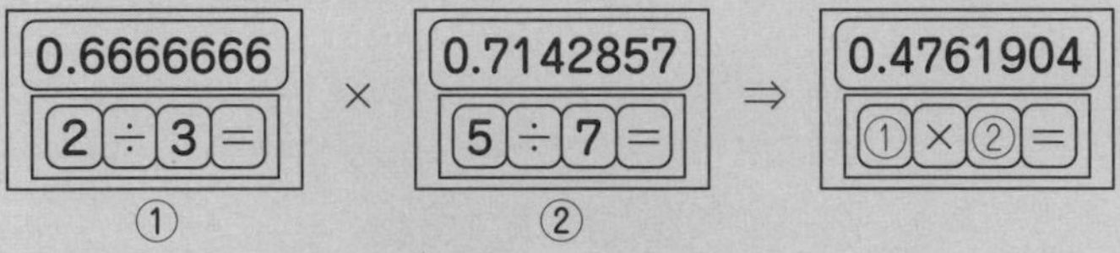

0.6666666		0.7142857		0.4761904
2 ÷ 3 =	×	5 ÷ 7 =	⇒	① × ② =
①		②		

接著計算分數相乘的結果，再用計算機將相乘結果轉換成小數，也就是計算10/21會是多少。

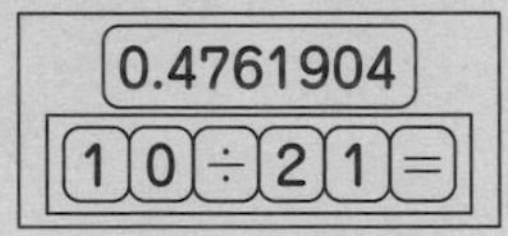

0.4761904
1 0 ÷ 2 1 =

在這個例子中，我們可以看到**兩個小數「偶然」一致**。

再用同樣的方法來處理另一個例子。

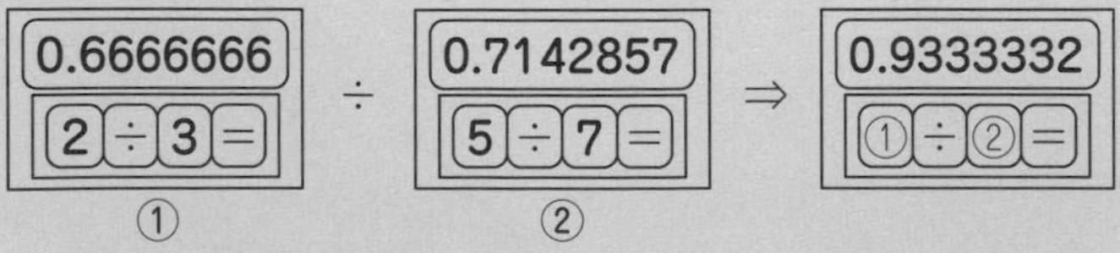

0.6666666		0.7142857		0.9333332
2 ÷ 3 =	÷	5 ÷ 7 =	⇒	① ÷ ② =
①		②		

接著計算分數相除的結果，再用計算機將相除結果轉換成小數，也就是計算14/15是多少。

0.6666666

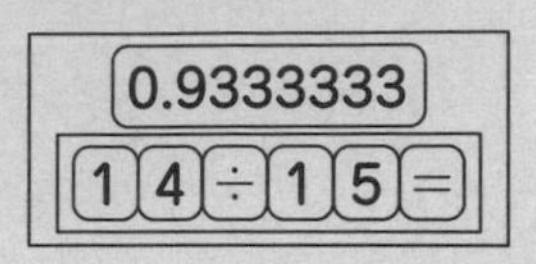

在這個例子中，我們可以看到**兩個小數的末位數字差了「1」**。

由此可知，在有限位數（本例為八位數）環境下，處理無限小數2/3與5/7時會產生**計算誤差**。而隨著計算方式的不同，誤差的「累積情況」也會不一樣，進而得到不同的計算結果。

因此，在使用計算機計算小數時，最好盡量減少操作次數，才能減少誤差情形。在這類例子中，最好先用分數計算出答案，再用計算機轉換成小數，會得到比較精確的結果。

接下來是加減的規則。

$$\textbf{加法}：\frac{○}{□}+\frac{◆}{▲}=\frac{○×▲+□×◆}{□×▲},$$

$$\textbf{減法}：\frac{○}{□}-\frac{◆}{▲}=\frac{○×▲-□×◆}{□×▲}.$$

具體的計算實例如下。

$$\frac{5}{7}+\frac{2}{3}=\frac{29}{21},\quad \frac{5}{7}-\frac{2}{3}=\frac{1}{21}.$$

請你試著用計算機自行驗證看看加減的結果。請不要忘記，使用計算機時，**結果一定會有誤差**。就算是使用大型的高性能電腦也一樣。

以下是本書唯一，同時也是本書「最難的練習問題」。請求出以下單位分數的總和。

$$1+1+\frac{1}{2!}+\frac{1}{3!}+\frac{1}{4!}+\frac{1}{5!}+\frac{1}{6!}+\frac{1}{7!}+\frac{1}{8!}+\frac{1}{9!}+\frac{1}{10!}.$$

建議不要一口氣通分所有分數，而是要從前面開始，依序通分一個個分數，再一個個加起來，使項目一個個減少。計算過程中，可以用計算機檢驗一下每加上一項後，數值有什麼樣的改變。觀察數值的變動也是件很有趣的事。

最後應該會得到這個答案。

$$\frac{9864101}{3628800} \rightarrow \boxed{2.7182818}$$

請自行確認看看能否算出這個答案。

這並不是沒有意義的計算練習。**這個數是數學領域中，意義極其重大的一個數。而上述計算方式，就是這個數的一種求取方式。**可以說，只要解出這題，就相當於「學到了一百題數學知識」。

正分數、負分數

本章最後就來談談除法的「數字範圍」吧。請看以下除法算式。

$$(-4)\div 2=-2,\quad 4\div(-2)=-2$$

這些除法中含有負數，計算後可以得到

$$\frac{-4}{2}=-2,\qquad \frac{4}{-2}=-2$$

另外，由分數的計算規則，可以得到以下關係。

$$\frac{-4}{2}=\frac{(-1)\times 4}{2}=(-1)\times\frac{4}{2}=-\frac{4}{2},$$

$$\frac{4}{-2}=\frac{4}{(-1)\times 2}=(-1)\times\frac{4}{2}=-\frac{4}{2}.$$

也就是說，**分數可以直接納入整數的正負號，擴大分數可表示的範圍。**所有正的分數加上負號之後，就會成為「**負的分數**」。而不管是正分數或負分數，都適用於前面提到的各種加減乘除規則。

$$\begin{matrix} \frac{1}{1}, & \frac{2}{1}, & \frac{3}{1}, & \frac{4}{1}, & \frac{5}{1}, & \frac{6}{1}, & \frac{7}{1}, & \frac{8}{1}, & \frac{9}{1}, & \frac{10}{1}, & \frac{11}{1}, & \frac{12}{1}, \cdots \\ \frac{1}{2}, & \frac{2}{2}, & \frac{3}{2}, & \frac{4}{2}, & \frac{5}{2}, & \frac{6}{2}, & \frac{7}{2}, & \frac{8}{2}, & \frac{9}{2}, & \frac{10}{2}, & \frac{11}{2}, & \frac{12}{2}, \cdots \\ \frac{1}{3}, & \frac{2}{3}, & \frac{3}{3}, & \frac{4}{3}, & \frac{5}{3}, & \frac{6}{3}, & \frac{7}{3}, & \frac{8}{3}, & \frac{9}{3}, & \frac{10}{3}, & \frac{11}{3}, & \frac{12}{3}, \cdots \\ \vdots & \vdots & \vdots & \vdots & \vdots & \vdots & \vdots & \vdots & \vdots & \vdots & \vdots & \vdots \end{matrix}$$

就像上方的分數都實際存在一樣，下方的分數也都實際存在。

$$\begin{matrix} -\frac{1}{1}, & -\frac{2}{1}, & -\frac{3}{1}, & -\frac{4}{1}, & -\frac{5}{1}, & -\frac{6}{1}, & -\frac{7}{1}, & -\frac{8}{1}, & -\frac{9}{1}, & -\frac{10}{1}, & -\frac{11}{1}, & -\frac{12}{1}, \cdots \\ -\frac{1}{2}, & -\frac{2}{2}, & -\frac{3}{2}, & -\frac{4}{2}, & -\frac{5}{2}, & -\frac{6}{2}, & -\frac{7}{2}, & -\frac{8}{2}, & -\frac{9}{2}, & -\frac{10}{2}, & -\frac{11}{2}, & -\frac{12}{2}, \cdots \\ -\frac{1}{3}, & -\frac{2}{3}, & -\frac{3}{3}, & -\frac{4}{3}, & -\frac{5}{3}, & -\frac{6}{3}, & -\frac{7}{3}, & -\frac{8}{3}, & -\frac{9}{3}, & -\frac{10}{3}, & -\frac{11}{3}, & -\frac{12}{3}, \cdots \\ \vdots & \vdots & \vdots & \vdots & \vdots & \vdots & \vdots & \vdots & \vdots & \vdots & \vdots & \vdots \end{matrix}$$

$\frac{1}{1}$ $\frac{2}{1}$ $\frac{3}{1}$ $\frac{4}{1}$

有時候我們會使用**正負號**「±」來表示這些數。加上正負號後，可將前面的結果列成下表。

$$\pm\frac{1}{1},\pm\frac{2}{1},\pm\frac{3}{1},\pm\frac{4}{1},\pm\frac{5}{1},\pm\frac{6}{1},\pm\frac{7}{1},\pm\frac{8}{1},\pm\frac{9}{1},\pm\frac{10}{1},\pm\frac{11}{1},\pm\frac{12}{1},\ldots$$
$$\pm\frac{1}{2},\pm\frac{2}{2},\pm\frac{3}{2},\pm\frac{4}{2},\pm\frac{5}{2},\pm\frac{6}{2},\pm\frac{7}{2},\pm\frac{8}{2},\pm\frac{9}{2},\pm\frac{10}{2},\pm\frac{11}{2},\pm\frac{12}{2},\ldots$$
$$\pm\frac{1}{3},\pm\frac{2}{3},\pm\frac{3}{3},\pm\frac{4}{3},\pm\frac{5}{3},\pm\frac{6}{3},\pm\frac{7}{3},\pm\frac{8}{3},\pm\frac{9}{3},\pm\frac{10}{3},\pm\frac{11}{3},\pm\frac{12}{3},\ldots$$
$$\vdots\quad\vdots\quad\vdots\quad\vdots\quad\vdots\quad\vdots\quad\vdots\quad\vdots\quad\vdots\quad\vdots\quad\vdots\quad\vdots$$

你看出來了嗎？**這張表如果一直寫下去，可以將所有分數都寫進來喔。**分子數字從左而右依序加一，愈來愈大；分母數字則是由上而下依序加一，愈來愈大。往右可以無限延伸，往下也可以無限延伸。這張「小小的表」可以納入所有的分數。

這張表中的分數是由自然數的分母與整數的分子配對而成。也就是說，這裡的分數可以定義為

$$\textbf{分數}=\frac{\textbf{整數}(0,\ \pm1,\ \pm2,\ldots)}{\textbf{自然數}(1,2,3,4,\ldots)}$$

當分母為「1（自然數）」時，整個數就是整數。當分子為「0（整數）」時，整個數就是0。

這種定義下的分數，稱做「**有理數**」。有理數包括所有前面學過的數，即自然數、0、整數及「有兩層樓的分數」。除了除以0之外，有理數可以任意加減乘除，在數學領域中是相當重要的集合。

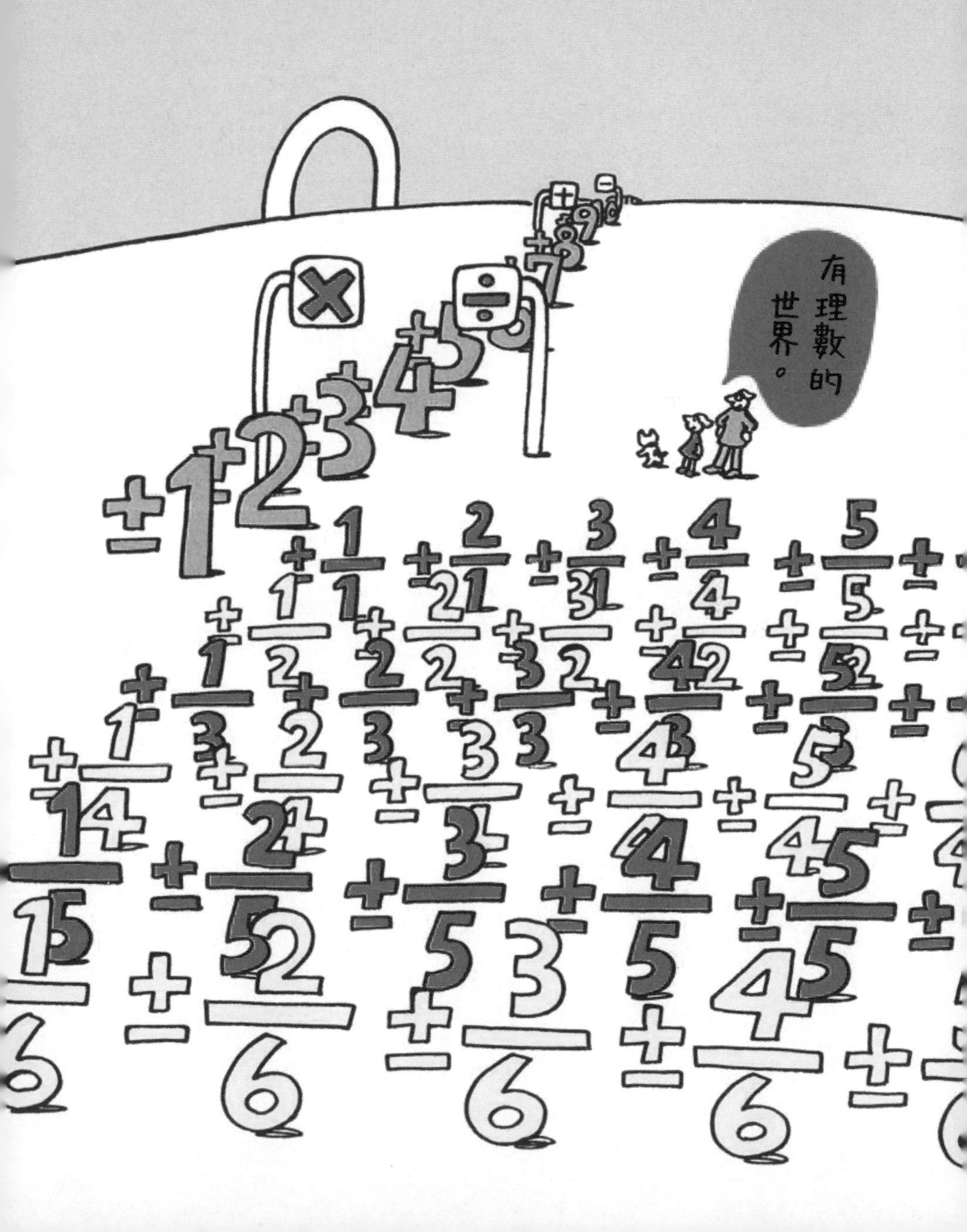
有理數的世界。

24 分數世界的景象

由所有分數構成的「數的景象」會是什麼樣子呢？

本章中，我們不討論個別的分數，也不討論分數間的計算規則，而是專注於討論分數整體的特徵。

樸素的故事

先讓我們回到「**自然數**」這個主題上吧。自然數是一個以1為始，一個個增加的數。因此每個自然數都有所謂的「**相鄰數**」。而「**整數**」也繼承了這個性質。

$$1, 2, 3, 4, 5, 6, 7, 8, 9, 10, 11, 12, 13, 14, 15, 16, 17, 18, \ldots$$

自然數可以說是「無限」的代表。在談到數的密集度時，曾經說過自然數的「基數（cardinality）」為「**阿列夫零**」，不管你想像的自然數有多大，都有比它更大的自然數存在。光靠「有限」的力量，仍無法描述自然數的數量，這就是無限。

而各位剛學到了「**分數**」這種新的數。分數中也存在著自然數，因此可以想像無限大分數的存在。另一方面，就算寫出

$$\frac{1}{10}, \frac{1}{10^2}, \frac{1}{10^3}, \frac{1}{10^4}, \frac{1}{10^5}, \frac{1}{10^6}, \frac{1}{10^7}, \frac{1}{10^8}, \frac{1}{10^9}, \cdots$$

事到如今，應該不會覺得這有什麼特別了吧。只會覺得「這裡有好多分數，不過這些分數還真小啊」而已對吧。寫成小數的話，更能感受到這些數有多小。

$$0.1, 0.01, 0.001, 0.0001, 0.00001, 0.000001, 0.0000001, \ldots$$

位置根本寫不下，簡直是0的洪水。

以上數列有什麼意義呢？

只要將1一直除以10，每個人都能輕鬆寫出這個數列。而且，這個數列不會有終點，也不會因為任何原因而停下來。

因此，想寫多少個數就可以寫多少個數，想寫出多小的數就可以寫出多小的數。

而且，這個數絕對不會等於0。

這表示，在我們研究分數這類數的時候，想要寫出多小的分數，就可以寫出多小的分數。換言之，我們可以寫出一個非常接近0的數，要多接近都可以。

在分數的世界中，往大的方向可以大到無限大，往小的方向也可以無限接近0，具備了許多非常神奇且有趣的性質。

關於鄰居

另外，**和自然數與整數不同，分數並不存在所謂的「相鄰數」**。這可以說是分數的特徵之一。

自然數的相鄰數概念很簡單，譬如說2的鄰居就是1（往小的方向）和3（往大的方向）。在自然數的世界中，「數字們」可以安心生活在自己的位置，有固定的相鄰數，與相鄰數之間也有固定間隔，不會突然冒出一個沒見過的數嚇你一跳。

不過分數的世界就不同了。在分數的世界中，任兩個分數之間有無數個分數存在。不管兩個數之間的間隔有多小，都可以從中找到無數個分數。這樣應該沒辦法悠哉生活吧。

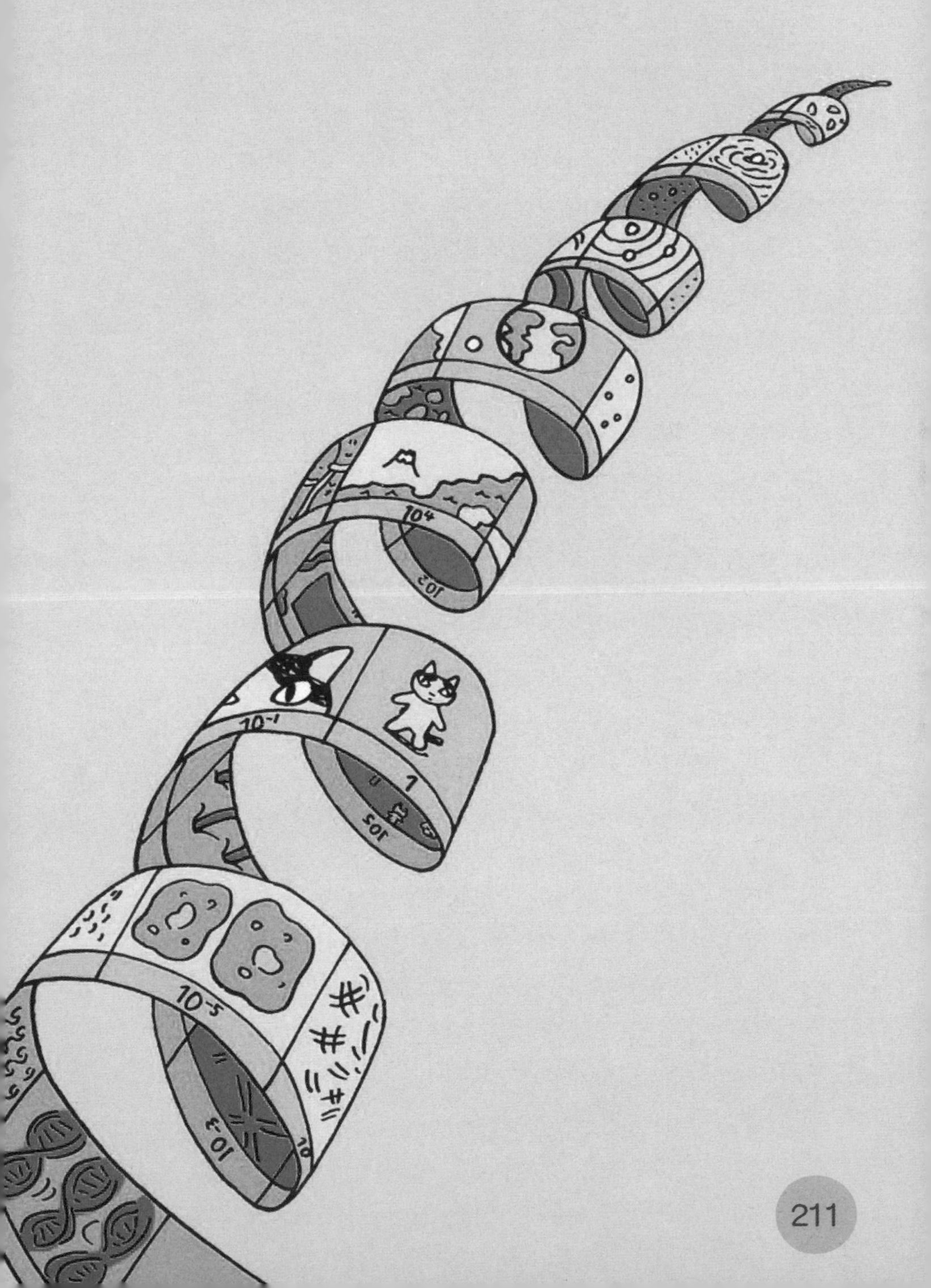
10^4
10^5
10^{-1}
1
10^2
10^{-5}
10^{-3}

要是旁邊突然有一個數跳出來說「你好啊！」的話，不管是誰都會嚇一跳吧。而且在你嚇到的時候，又會有其他分數跑出來嚇你第二次。接著又有第三個、第四個、更多分數跳出來，嚇到你累倒為止。

以下用除以2為例來說明分數世界的景象。除以2就是將一段區間切半。這裡就拿1與2這兩個數的區間當做例子吧。

$$\frac{1+2}{2}=\frac{3}{2}=1+\frac{1}{2}=1.5,$$
$$\frac{1+3/2}{2}=\frac{5}{4}=1+\frac{1}{4}=1.25,$$
$$\frac{1+5/4}{2}=\frac{9}{8}=1+\frac{1}{8}=1.125,$$
$$\frac{1+9/8}{2}=\frac{17}{16}=1+\frac{1}{16}=1.0625,$$
$$\frac{1+17/16}{2}=\frac{33}{32}=1+\frac{1}{32}=1.03125,$$
$$\vdots$$

照這樣算下去，這個分數會愈來愈接近1。

不管是多大的區間，還是多小的區間，把一段區間二等分都不是什麼困難的事。不過在將區間二等分後，每一個分割後的區間仍存在著無數個分數。我們將分數的這種性質稱做「**稠密**」，也就是每個數都擠在一起，中間沒有任何空隙的意思。

如果可以將所有分數寫成一列的話，想必會是黑壓壓的一條「**數線**」吧。大的分數可以大到「無限」大，小的分數可以「無限」接近0。那麼，分數究竟又有多「濃」？分數的基數有多大呢？

你好啊！

25 連接起無限的路徑之謎

本書中，我們介紹了兩層的數——分數，說明各種分數的性質。最後就以「無限」做為總結吧。分數的無限，或許會違反各位的直覺喔。

那麼，就讓我們一起進入最終章吧。

排好隊的分數

第23章中，我們曾提到所有分數可以排列成一張表。設分子為整數，分母為自然數，配對後即可得到一個個分數。由左而右、由上而下，陸續增加分子與分母的數字，就可以得到一張包含所有分數的表。我們還可以再加上正負號，同時顯示出正數與負數。

讓我們再看一遍吧。

$$\begin{array}{cccccccccccccc}
\pm\frac{1}{1}, & \pm\frac{2}{1}, & \pm\frac{3}{1}, & \pm\frac{4}{1}, & \pm\frac{5}{1}, & \pm\frac{6}{1}, & \pm\frac{7}{1}, & \pm\frac{8}{1}, & \pm\frac{9}{1}, & \pm\frac{10}{1}, & \pm\frac{11}{1}, & \pm\frac{12}{1}, & \cdots \\
\pm\frac{1}{2}, & \pm\frac{2}{2}, & \pm\frac{3}{2}, & \pm\frac{4}{2}, & \pm\frac{5}{2}, & \pm\frac{6}{2}, & \pm\frac{7}{2}, & \pm\frac{8}{2}, & \pm\frac{9}{2}, & \pm\frac{10}{2}, & \pm\frac{11}{2}, & \pm\frac{12}{2}, & \cdots \\
\pm\frac{1}{3}, & \pm\frac{2}{3}, & \pm\frac{3}{3}, & \pm\frac{4}{3}, & \pm\frac{5}{3}, & \pm\frac{6}{3}, & \pm\frac{7}{3}, & \pm\frac{8}{3}, & \pm\frac{9}{3}, & \pm\frac{10}{3}, & \pm\frac{11}{3}, & \pm\frac{12}{3}, & \cdots \\
\vdots & \vdots & \vdots & \vdots & \vdots & \vdots & \vdots & \vdots & \vdots & \vdots & \vdots & \vdots &
\end{array}$$

如果在這張表的最前面加上「0」，那就是完整的「**所有分數一覽表**」了。很厲害吧。

所有人都到齊了嗎？

這張表真的沒有遺漏任何分數嗎？真的逃不出這張表撒下的網嗎？答案很簡單——「不可能」。這張表確實納入了所有分數，不管用什麼方法，都逃不出這張表的天羅地網。

就算是可以大到無限大、可以小到無限接近0的分數，也逃不出這張表。看到這裡不禁讓我們想問，分數的無限究竟是哪種無限呢？分數的基數究竟有多大呢？和自然數的基數「**阿列夫零**」比的話，誰的基數比較大呢？

自然數的世界中，兩個鄰居離得很遠，到處都是空隙。然而在分數的世界中，不管是多小的空隙，都塞著無限多個分數。兩種數差那麼多，居然還要比較它們的「基數」，這樣會不會對「各位分數」有些失禮呢……。

不過，既然都做出分數一覽表了，就依序介紹每個分數成員吧。但是如果從左往右依序介紹的話，只會一直延伸到無限遠處，一去不回。所以，用這種方式介紹分數是不行的，只會讓人陷入無限的深淵。那麼，我們該怎麼將分數一覽表中所有分數排成一列，又不會遺漏任何一個數呢？

違背常識的數字世界

事實上，這是個「**一筆劃問題**」。

敬請欣賞這個題目的解答——穿越無限大「迷宮」的密技。

請各位排成一列。

$\pm\frac{1}{1}$	→	$\pm\frac{2}{1}$		$\pm\frac{3}{1}$	→	$\pm\frac{4}{1}$		$\pm\frac{5}{1}\cdots$
		↓		↑		↓		
$\pm\frac{1}{2}$	←	$\pm\frac{2}{2}$		$\pm\frac{3}{2}$		$\pm\frac{4}{2}$		$\pm\frac{5}{2}\cdots$
↓				↑		↓		
$\pm\frac{1}{3}$	→	$\pm\frac{2}{3}$	→	$\pm\frac{3}{3}$		$\pm\frac{4}{3}$		$\pm\frac{5}{3}\cdots$
						↓		
$\pm\frac{1}{4}$	←	$\pm\frac{2}{4}$	←	$\pm\frac{3}{4}$	←	$\pm\frac{4}{4}$		$\pm\frac{5}{4}\cdots$
↓		⋮		⋮		⋮		⋮

不遺漏任何數的「路徑 1」

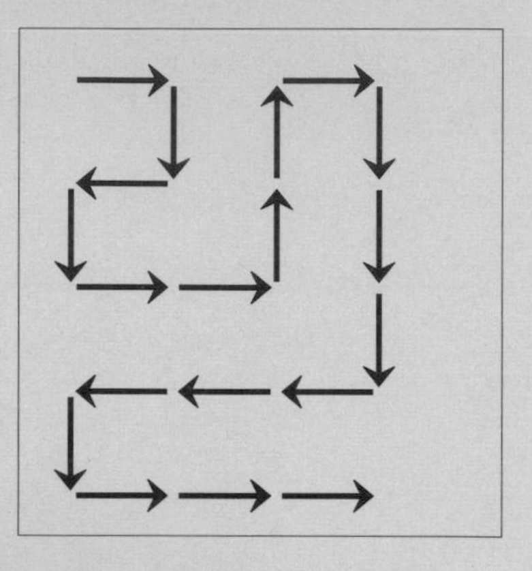

居然！真的有一條路徑可以畫過每一個分數，沒有遺漏任何一個分數。事實上，這樣的路徑有很多種畫法，請各位也試著畫出自己的路徑。下面的「**路徑 2**」可以做為參考。

$\pm\frac{1}{1}$	→	$\pm\frac{2}{1}$		$\pm\frac{3}{1}$	→	$\pm\frac{4}{1}$		$\pm\frac{5}{1}\cdots$
	↙		↗		↙			
$\pm\frac{1}{2}$		$\pm\frac{2}{2}$		$\pm\frac{3}{2}$		$\pm\frac{4}{2}$		$\pm\frac{5}{2}\cdots$
↓	↗		↙					
$\pm\frac{1}{3}$		$\pm\frac{2}{3}$		$\pm\frac{3}{3}$		$\pm\frac{4}{3}$		$\pm\frac{5}{3}\cdots$
	↙							
$\pm\frac{1}{4}$		$\pm\frac{2}{4}$		$\pm\frac{3}{4}$		$\pm\frac{4}{4}$		$\pm\frac{5}{4}\cdots$
↓		⋮		⋮		⋮		⋮

不遺漏任何數的「路徑 2」

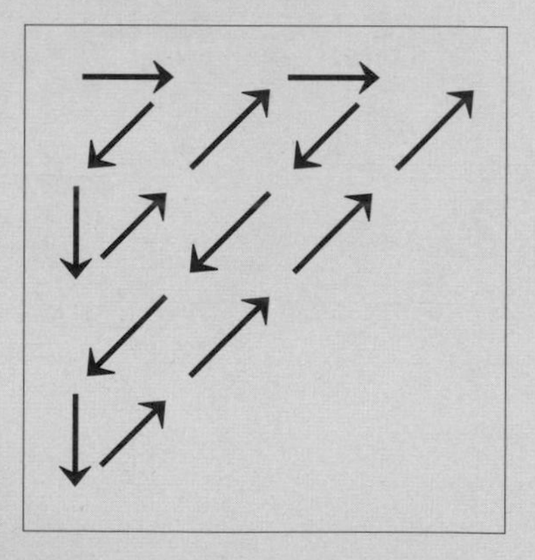

不過，這些路徑乍看之下還是有些複雜。讓我們先依照「**路徑 1**」的箭頭，將路線上的數全都列出來吧。

$$\pm\frac{1}{1}, \pm\frac{2}{1}, \pm\frac{2}{2}, \pm\frac{1}{2}, \pm\frac{1}{3}, \pm\frac{2}{3}, \pm\frac{3}{3}, \pm\frac{3}{2}, \pm\frac{3}{1}, \pm\frac{4}{1}, \pm\frac{4}{2}, \pm\frac{4}{3}, \pm\frac{4}{4}, \ldots$$

這個數列中，有不少分數在約分後會得到相同的分數。這裡我們就先將其他分數拿掉，只留下最簡分數，如下所示。

$$\pm 1,\ \pm 2,\ \pm\frac{1}{2},\ \pm\frac{1}{3},\ \pm\frac{2}{3},\ \pm\frac{3}{2},\ \pm 3,\ \pm 4,\ \pm\frac{4}{3}, \ldots$$

變得簡單多了對吧。快看到終點囉！

將正負號拆開，正數放前面，負數放後面，再將0放在第一個位置，這樣就能讓每一個分數依順序排成一列了。

①	②	③	④	⑤	⑥	⑦	⑧	⑨	⑩	⑪	⑫	⑬	⑭	⑮	⑯	⑰	…
↓	↓	↓	↓	↓	↓	↓	↓	↓	↓	↓	↓	↓	↓	↓	↓	↓	
0	1	-1	2	-2	$\frac{1}{2}$	$-\frac{1}{2}$	$\frac{1}{3}$	$-\frac{1}{3}$	$\frac{2}{3}$	$-\frac{2}{3}$	$\frac{3}{2}$	$-\frac{3}{2}$	3	-3	4	-4	…

「能將每個數排成一列」這件事有著很重要的意義。如果能依順序將每個數排下來，就表示我們可以用自然數逐一為其編號，譬如「第一個分數是 0」、「第二個分數是 1」、「第三個分數是 −1」……等等。這表示**分數與自然數的數目相同，擁有相同的基數，同為「阿列夫零」**。

這個結論明顯違反我們的直覺。在微乎其微的空隙中仍可找到一大堆分數，和分數相比，自然數的分布顯得鬆散許多。然而，分數與自然數的數目居然相同。只能說數學的世界處處充滿著驚奇。你又是怎麼想的呢？

太空旅行是個偉大的夢想。小說裡的世界常能打動我們的心靈。自然界中也有著數不清的奇妙現象，數不清的謎團，有的在山裡、在海裡、在生物裡、在人體裡。這些謎團都等著我們去解明。不過，在數學的世界中，也有著相同程度，甚至更勝一籌的奇妙現象。數學在我們的想像中誕生，我們也深深著迷於自己創造出來的數學。

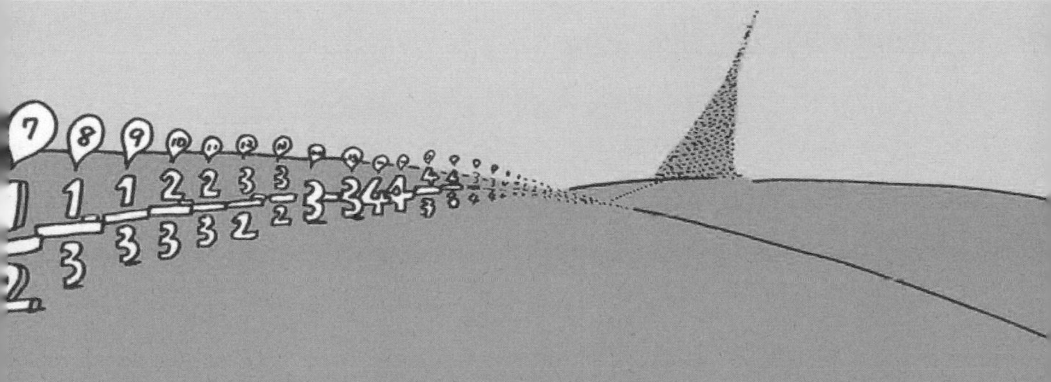

有些數學概念源自於現實世界的事物，有些則否。數學的研究可以一個人進行，也可以一群人合作。可以在大學裡研究數學，也可以在企業的研究所裡研究數學。

不過，不管是誰，不管用哪種方式研究數學，有一點是絕對不會改變的。那就是要盡全力思考，思考思考再思考，花上數個月、甚至數年，將人生中的精華時間全都集中在一點上，每個人思考的結果、想到的結論，最後都會成為屬於全人類的數學知識。

你好嗎？數學。各位，你向數學問好了嗎？

本書中提到，不管是多小的空隙，裡面都隱藏著無數的數字，這就是分數的世界。但事實上，在分數之間還有空間可以塞入其他數。不，或者說，還有很多空間可以塞入各種數。

分數的世界就像一片荒涼的土地，空地隨處可見。數線上到處都有空隙。只有「不屬於分數的數」可以填進這些空隙的數。或者也可以說它們是「無法寫成分數形式的數」。

「這也太『無理』了吧！」或許你會這樣想。但這個世界上確實存在著有無限多位，而且不會循環的小數。譬如以下這個數。

0.123456789101112131415161718192021222324252627282930…

你知道這個數有什麼秘密嗎？

這個數究竟能不能寫成分數呢？在有理數之外，還有更大的無限世界等著我們。那是比「**阿列夫零**」還要廣大的無限。各位，是不是開始產生興趣了呢！

整體複習：從算式來複習內容！

本書中由各種數學概念寫出了各種數學式。請你試著從相反的角度，用數學式來說明數學概念。這些數學式想表達些什麼呢？或許你不曾在學校學過式中某些符號或寫法，但這些數學式其實只會用到四則運算，只要有學過四則運算就知道該怎麼算了。試著用簡單的計算過程來說明數學式的意義，會有很好的複習效果。

數學式	登場頁數
$0<\frac{1}{2}<1,\quad \frac{1}{2}+\frac{1}{2}=1,\quad \frac{1}{2}\times 2=1$	p.13
$0<\cdots<\frac{1}{6}<\frac{1}{5}<\frac{1}{4}<\frac{1}{3}<\frac{1}{2}<1$	p.16
$\frac{5}{7}\times\frac{7}{5}=1$	p.44
$\left(\frac{5}{7}\right)^{1}\times\left(\frac{5}{7}\right)^{-1}=\left(\frac{5}{7}\right)^{1+(-1)}=\left(\frac{5}{7}\right)^{0}=1$	p.59
$\frac{66}{35}=\frac{2\times 3\times 11}{5\times 7}$	p.66
$2^0+2^1+2^2+2^3+2^4=\frac{2^{4+1}-2^0}{2^1-1}=\frac{2^{4+1}-1}{2-1}$	p.83
$8128=1+2+3+4+5+6+7+8+9+\cdots+127$	p.90
$\{630=35\times 18,\ 558=31\times 18\}$	p.100
$0.3333333<\frac{1}{3}<0.3333334$	p.128
$0.\dot{1}4285\dot{7}=\frac{142857}{999999}=\frac{1}{7}$	p.165
$\frac{1}{2}+\frac{1}{3}=\boxed{\frac{3}{3}}\times\frac{1}{2}+\boxed{\frac{2}{2}}\times\frac{1}{3}=\frac{3}{6}+\frac{2}{6}=\frac{5}{6}$	p.178
$0.12345678910111213141516171819202122232425\cdots$	p.223

帶著嚮往的心情說出「你好嗎？」

過去我們曾將雜誌《孩子的科學》上的連載整理成三冊出版，後來又將三冊重新編輯成一冊。分成三冊出版時，曾被某本著名小說當做為參考資料引用，後來還改編成電影，因此獲得了出乎意料之外的好評。但在以單行本的形式出版時，必須捨棄連載中與季節、時事有關的內容，使單行本看起來少了一些季節感。重新編輯時，我們修正了許多細節，讓整本書煥然一新。（※編按：中文版即採用重新編輯後的內容）

做為一本以小學生為目標讀者的書籍，有人認為本書內容過於艱澀。不過，小學生不也是因為**邂逅了歷史名曲、世界著名的演出**，才下定決心要學習樂器的嗎？應該很少人是因為嚮往彈奏只有四分音符的練習曲，而開始學習音樂的吧。

學校教育中的數學很強調計算練習，要求學生熟練各種題目的解題方式，就像是音階練習般單調。當然，不論是音樂還是數學，都需要反覆練習基本功，但如果對未知沒有期待、沒有憧憬的話，一般人都無法忍受反覆練習的枯燥。

本書的目的就是帶來「數學中的歷史名曲」。若有了嚮往的目標，那麼就算一直練習計算或背公式，也不覺得痛苦，反而會樂在其中。只有反覆練習，數學能力才會愈來愈強。

因為有「想了解更多」的熱情，才會「深入思考」；若想保持長時間的熱情，就必須有「嚮往」的目標。

重要的不是現在明白到了什麼，而是現在嚮往的是什麼。

以上就是本書蒐羅到的各家名曲，雖然演奏談不上精湛，但做為學校教育的補充已綽綽有餘，敬請多加利用。

索引

—12 畫—

—14 畫—

—15 畫—

—16 畫—

—17 畫—

著者簡介

吉田武

京都大學工學博士（數理工學專攻）

以自己的觀點撰寫多本數學、物理學的自學書籍。
其中，東海大學出版部出版了數學相關的三部作品，分別為
《虛數的情緒：國中生的全方位自學法（虚数の情緒：中学生からの全方位独学法）》
——獲得平成 12 年度「技術、科學圖書文化賞」（日本工業新聞社）
《新裝版 歐拉的禮物：學習人類的寶物 $e^{i\pi}=-1$（新装版オイラーの贈物：人類の至宝 $e^{i\pi}=-1$ を学ぶ）》
《質數夜曲：女王陛下的 LISP（素数夜曲：女王陛下の LISP）》
另有介紹電磁學基礎實驗與理論的
《門鈴的科學：從電子零件的運作到物理理論（呼鈴の科学：電子工作から物理理論へ）》（講談社現代新書）
以及融合本書精神的物理學入門書
《從幾何開始的物理啟蒙書（はじめまして 物理）》。

封面、內頁插畫

大高郁子

插畫家

京都精華大學設計科畢業。
主要工作為書籍封面插圖、雜誌插圖、網站插圖等。
曾獲 2013 年度 HB Gallery File Competition 日下潤一賞。

奠定數學領域基礎！
從1開始的數學啟蒙書
分數・小數

2020年9月15日初版第一刷發行

著　　者　吉田武
譯　　者　陳朕疆
編　　輯　劉皓如
美術編輯　黃郁琇
發 行 人　南部裕
發 行 所　台灣東販股份有限公司
　　　　　<地址> 台北市南京東路4段130號2F-1
　　　　　<電話> (02)2577-8878
　　　　　<傳真> (02)2577-8896
　　　　　<網址> http://www.tohan.com.tw
郵撥帳號　1405049-4
法律顧問　蕭雄淋律師
總 經 銷　聯合發行股份有限公司
　　　　　<電話> (02)2917-8022

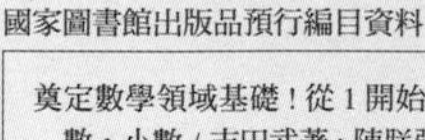

國家圖書館出版品預行編目資料

奠定數學領域基礎！從 1 開始的數學啟蒙書：分數・小數 / 吉田武著；陳朕疆譯 . -- 初版 . -- 臺北市：臺灣東販，2020.09
236 面；14.7×21 公分
ISBN 978-986-511-430-5(平裝)

1. 數學

310　　109009686

HAJIMEMASHITE SUGAKU REMAKE
by YOSHIDA Takeshi